OSTWALDS KLASSIKER
DER EXAKTEN WISSENSCHAFTEN
Band 12

Immanuel Kant
22.4.1724 - 12.2.1804

OSTWALDS KLASSIKER
DER EXAKTEN WISSENSCHAFTEN
Band 12

Allgemeine Naturgeschichte
und
Theorie des Himmels

oder Versuch von der Verfassung und dem mechanischen
Ursprunge des ganzen Weltgebäudes
nach Newtonischen Grundsätzen abgehandelt.

Königsberg und Leipzig,
bey Johann Friederich Petersen, 1755

von

Immanuel Kant

Herausgegeben von
A. J. v. Oettingen

Verlag Harri Deutsch

Die Deutsche Bibliothek - CIP-Einheitsaufnahme

Kant, Immanuel:
Allgemeine Naturgeschichte und Theorie des Himmels : Versuch von der
Verfassung und dem mechanischen Ursprunge des ganzen Weltgebäudes nach
Newtonischen Grundsätzen abgehandelt / von Immanuel Kant. - [Nachdr. der
Ausg.] Königsberg und Leipzig, Petersen, 1755 / hrsg. von A. J. v. Oettingen, 3.
Aufl. - Thun ;
Frankfurt am Main : Deutsch, 1999
(Ostwalds Klassiker der exakten Wissenschaften ; Bd. 12)
ISBN 3-8171-3012-0

ISBN 3-8171-3012-0

Vorrede.

Ich habe einen Vorwurf gewählet, welcher sowol von Seiten seiner innern Schwierigkeit, als auch in Ansehung der Religion einen grossen Theil der Leser gleich anfänglich mit einem nachtheiligen Vorurtheile einzunehmen vermögend ist. Das systematische, welches die grossen Glieder der Schöpfung in dem ganzen Umfange der Unendlichkeit verbindet, zu entdecken, die Bildung der Weltkörper selber und den Ursprung ihrer Bewegungen aus dem ersten Zustande der Natur durch mechanische Gesetze herzuleiten: solche Einsichten scheinen sehr weit die Kräfte der menschlichen Vernunft zu überschreiten. Von der andern Seite drohet die Religion mit einer feyerlichen Anklage über die Verwegenheit, da man der sich selbst überlassenen Natur solche Folgen beyzumessen sich erkühnen darf, darin man mit Recht die unmittelbare Hand des höchsten Wesens gewahr wird, und besorget in dem Vorwitz solcher Betrachtungen eine Schutzrede des Gottesleugners anzutreffen. Ich sehe alle diese Schwierigkeiten wohl und werde doch nicht kleinmüthig. Ich empfinde die ganze Stärke der Hindernisse die sich entgegen setzen, und verzage doch nicht. Ich habe auf eine geringe Vermuthung eine gefährliche Reise gewagt, und erblicke schon die Vorgebürge neuer Länder. Diejenigen, welche die Herzhaftigkeit haben die Untersuchung fortzusetzen, werden sie betreten und das Vergnügen haben, selbige mit ihrem Namen zu bezeichnen.

Ich habe nicht eher den Anschlag auf diese Unternehmung gefasset, als bis ich mich in Ansehung der Pflichten der Religion in Sicherheit gesehen habe. Mein Eifer ist verdoppelt worden, als ich bey jedem Schritte die Nebel sich zerstreuen sahe, welche hinter ihrer Dunkelheit Ungeheuer zu verbergen schienen und nach deren Zertheilung die Herrlichkeit des höchsten Wesens mit dem lebhaftesten Glanze hervorbrach.

Da ich diese Bemühungen von aller Sträflichkeit frey weiss, so will ich getreulich anführen was wohlgesinnete oder auch schwache Gemüther in meinem Plane anstössig finden können, und bin bereit es der Strenge des rechtgläubigen Areopagus mit einer Freymüthigkeit zu unterwerfen, die das Merkmaal einer redlichen Gesinnung ist. Der Sachwalter des Glaubens mag demnach zuerst seine Gründe hören lassen.

Wenn der Weltbau mit aller Ordnung und Schönheit nur eine Wirkung der ihren allgemeinen Bewegungsgesetzen überlassenen Materie ist, wenn die blinde Mechanik der Naturkräfte sich aus dem Chaos so herrlich zu entwickeln weiss und zu solcher Vollkommenheit von selber gelanget; so ist der Beweis des göttlichen Urhebers, den man aus dem Anblicke der Schönheit des Weltgebäudes ziehet, völlig entkräftet, die Natur ist sich selbst genugsam, die göttliche Regierung ist unnöthig, Epikur lebt mitten im Christenthume wieder auf, und eine unheilige Weltweisheit tritt den Glauben unter die Füsse, welcher ihr ein helles Licht darreichet, sie zu erleuchten.

Wenn ich diesen Vorwurf gegründet fände, so ist die Ueberzeugung, die ich von der Unfehlbarkeit göttlicher Wahrheiten habe, bey mir so vermögend, dass ich alles, was ihnen wiederspricht durch sie vor gnugsam widerlegt halten und verwerfen würde. Allein eben die Uebereinstimmung, die ich zwischen meinem System und der Religion antreffe, erhebet meine Zuversicht in Ansehung aller Schwierigkeiten zu einer unerschrockenen Gelassenheit.

Ich erkenne den ganzen Werth derjenigen Beweise, die man aus der Schönheit und vollkommenen Anordnung des Weltbaues zur Bestätigung eines höchstweisen Urhebers ziehet. Wenn man nicht aller Ueberzeugung muthwillig widerstrebet, so muss man so unwiedersprechlichen Gründen gewonnen geben. Allein ich behaupte: dass die Vertheidiger der Religion dadurch, dass sie sich dieser Gründe auf eine schlechte Art bedienen, den Streit mit den Naturalisten verewigen, indem sie ohne Noth denselben eine schwache Seite darbiethen.

Man ist gewohnt die Uebereinstimmungen, die Schönheit, die Zwecke, und eine vollkommene Beziehung der Mittel auf dieselbe in der Natur zu bemerken und herauszustreichen. Allein indem man die Natur von dieser Seite erhebet, so sucht man sie anderer Seits wiederum zu verringern. Diese Wohl-

gereimtheit, sagt man, ist ihr fremd, sie würde ihren allgemeinen Gesetzen überlassen, nichts als Unordnung zuwege
bringen. Die Uebereinstimmungen zeigen eine fremde Hand,
die eine von aller Regelmässigkeit verlassene Materie in einen
weisen Plan zu zwingen gewusst hat. Allein ich antworte:
wenn die allgemeinen Wirkungsgesetze der Materie gleichfals
eine Folge aus dem höchsten Entwurfe seyn, so können sie
vermuthlich keine andere Bestimmungen haben, als die den
Plan von selber zu erfüllen trachten, den die höchste Weisheit sich vorgesetzet hat; oder wenn dieses nicht ist, solte
man nicht in Versuchung gerathen zu glauben, dass wenigs-
stens die Materie und ihre allgemeine Gesetze unabhängig
wären, und dass die höchstweise Gewalt, die sich ihrer so
rühmlichst zu bedienen gewust hat, zwar gross, aber doch
nicht unendlich, zwar mächtig, aber doch nicht allgenug-
sam sey?

Der Vertheidiger der Religion besorgt: dass diejenigen
Uebereinstimmungen, die sich aus einem natürlichen Hang der
Materie erklären lassen, die Unabhängigkeit der Natur von
der göttlichen Vorsehung beweisen dörften. Er gesteht es
nicht undeutlich: dass, wenn man zu aller Ordnung des Weltbaues natürliche Gründe entdecken kan, die dieselbe aus den
allgemeinsten und wesentlichen Eigenschaften der Materie zu
Stande bringen können, so sey es unnöthig sich auf eine
oberste Regierung zu berufen. Der Naturalist findet seine
Rechnung dabey, diese Voraussetzung nicht zu bestreiten. Er
treibt aber Beyspiele auf, die die Fruchtbarkeit der allgemeinen Naturgesetze an vollkommen schönen Folgen beweisen
und bringt den Rechtgläubigen durch solche Gründe in Gefahr,
welche in dessen Händen zu unüberwindlichen Waffen werden
könten. Ich will Beyspiele anführen. Man hat schon mehr-
malen es als eine der deutlichsten Proben einer gütigen Vor-
sorge, die vor die Menschen wacht, angeführt: dass in dem
heissesten Erdstriche die Seewinde gerade zu einer solchen
Zeit, da das erhitzte Erdreich am meisten ihrer Abkühlung
bedarf, gleichsam gerufen über das Land streichen und es er-
quicken. Z. E. In der Insel Jamaica, so bald die Sonne so
hoch gekommen ist, dass sie die empfindlichste Hitze auf das
Erdreich wirft, gleich nach 9 Uhr Vormittags, fängt sich an
aus dem Meer ein Wind zu erheben, der von allen Seiten
über das Land wehet; seine Stärke nimmt nach dem Maasse
zu als die Höhe der Sonne zunimmt. Um 1 Uhr Nachmittages,

da es natürlicher Weise am heissesten ist, ist er am heftigsten und lässt wieder mit der Erniedrigung der Sonne allmählig nach, so dass gegen Abend eben die Stille als beym
Aufgange herrschet. Ohne diese erwünschte Einrichtung
würde diese Insel unbewohnbar seyn. Eben diese Wohlthat
geniessen alle Küsten der Länder die im heissen Erdstriche
liegen. Ihnen ist es auch am nöthigsten, weil, da sie die
niedrigsten Gegenden des trockenen Landes seyn, auch die
grösste Hitze erleiden; denn die höher im Lande befindliche
Gegenden, dahin dieser Seewind nicht reichet, sind seiner
auch weniger benöthigt, weil ihre höhere Lage sie in eine
kühlere Luftgegend versetzet. Ist dieses nicht alles schön,
sind es nicht sichtbare Zwecke, die durch klüglich angewandte
Mittel bewircket worden. Allein zum Wiederspiel muss der
Naturalist die natürlichen Ursachen davon in den allgemeinsten
Eigenschaften der Luft antreffen ohne besondere Veranstal-
tungen deswegen vermuthen zu dörfen. Er bemerket mit
Recht, dass diese Seewinde solche periodische Bewegungen
anstellen müssen, wenn gleich kein Mensch auf solcher Insel
lebete, und zwar durch keine andere Eigenschaft als die der
Luft auch ohne Absicht auf diesen Zweck bloss zum Wachs-
thum der Pflanzen unentbehrlich vonnöthen ist, nemlich durch
ihre Elasticität und Schweere. Die Hitze der Sonne hebet
das Gleichgewicht der Luft auf, indem sie diejenige verdünnet
die über dem Lande ist, und dadurch die kühlere Meeresluft
veranlasset, sie aus ihrer Stelle zu heben und ihren Platz
einzunehmen.

Was vor einen Nutzen haben nicht die Winde überhaupt
zum Vortheile der Erdkugel, und was vor einen Gebrauch
macht nicht der Menschen Scharfsinnigkeit aus denselben; indessen waren keine andere Einrichtungen nöthig sie hervorzubringen, als dieselbe allgemeine Beschaffenheit der Luft und
Wärme, welche auch unangesehen dieser Zwecke auf der Erde
befindlich seyn mussten.

Gebt ihr es, sagt allhier der Freygeist, zu: dass, wenn
man nützliche und auf Zwecke abzielende Verfassungen aus
den allgemeinsten und einfachsten Naturgesetzen herleiten kan,
man keine besondere Regierung einer obersten Weisheit
nöthig habe: so sehet hier Beweise die euch auf eurem eigenen Geständnisse ertappen werden. Die ganze Natur, vornemlich die unorganisirte, ist voll von solchen Beweisen, die
zu erkennen geben, dass die sich selbst durch die Mechanick

ihrer Kräfte bestimmende Materie eine gewisse Richtigkeit in ihren Folgen habe und den Regeln der Wohlanständigkeit ungezwungen genug thue. Wenn ein wohlgesinneter die gute Sache der Religion zu retten, diese Fähigkeit der allgemeinen Naturgesetze bestreiten will, so wird er sich selbst in Verlegenheit setzen und dem Unglauben durch eine schlechte Vertheidigung Anlass zu triumphiren geben.

Allein lasst uns sehen, wie diese Gründe, die man in den Händen der Gegner als schädlich befürchtet, vielmehr kräftige Waffen sind sie zu bestreiten. Die nach ihren allgemeinsten Gesetzen sich bestimmende Materie bringt durch ihr natürliches Betragen, oder wenn man es so nennen will durch eine blinde Mechanick anständige Folgen hervor, die der Entwurf einer höchsten Weisheit zu seyn scheinen. Luft, Wasser, Wärme, erzeugen wenn man sie sich selbst überlassen betrachtet, Winde und Wolcken, Regen, Ströme, welche die Länder befeuchten, und alle die nützlichen Folgen, ohne welche die Natur traurig, öde und unfruchtbar bleiben müsste. Sie bringen aber diese Folgen nicht durch ein blosses Ungefehr, oder durch einen Zufall der eben so leicht nachtheilig hätte ausfallen können hervor, sondern man siehet: dass sie durch ihre natürliche Gesetze eingeschrenckt sind auf keine andere als diese Weise zu wircken. Was soll man von dieser Uebereinstimmung denn gedencken. Wie wäre es wohl möglich, dass Dinge von verschiedenen Naturen in Verbindung mit einander so vortrefliche Uebereinstimmungen und Schönheiten zu bewircken trachten solten, sogar zu Zwecken solcher Dinge die sich gewissermaassen ausser dem Umfange der todten Materie befinden, nemlich zum Nutzen der Menschen und Thiere, wenn sie nicht einen gemeinschaftlichen Ursprung erkenneten, nemlich einen unendlichen Verstand, in welchem aller Dinge wesentliche Beschaffenheiten beziehend entworfen worden. Wenn ihre Naturen vor sich und unabhängig nothwendig wären, was vor ein erstaunliches Ohngefähr, oder vielmehr was vor eine Unmöglichkeit würde es nicht seyn, dass sie mit ihren natürlichen Bestrebungen sich gerade so zusammen passen solten, als eine überlegte kluge Wahl sie hätte vereinbaren können.

Nunmehro mache ich getrost die Anwendung auf mein gegenwärtiges Unterfangen. Ich nehme die Materie aller Welt in einer allgemeinen Zerstreuung an und mache aus derselben ein vollkommenes Chaos. Ich sehe nach den ausgemachten

Gesetzen der Attraktion den Stoff sich bilden und durch die
Zurückstossung ihre Bewegung modificiren. Ich geniesse das
Vergnügen ohne Beyhülfe willkührlicher Erdichtungen, unter
der Veranlassung ausgemachter Bewegungsgesetze sich ein
wohlgeordnetes Ganze erzeugen zu sehen, welches demjenigen
Weltsystem so ähnlich siehet das wir vor Augen haben, dass
ich mich nicht entbrechen kan es vor dasselbe zu halten.
Diese unerwartete Auswickelung der Ordnung der Natur im
Grossen wird mir anfänglich verdächtig, da sie auf so schlech-
ten und einfachen Grunde eine so zusammengesetzte Richtigkeit gründet. Ich belehre mich endlich aus der vorher angezeigten Betrachtung: dass eine solche Auswickelung der
Natur nicht etwas unerhörtes an ihr ist, sondern dass ihre
wesentliche Bestrebung solche nothwendig mit sich bringet,
und dass dieses das herrlichste Zeugniss ihrer Abhängigkeit
von demjenigen Urwesen ist, welches so gar die Quelle der
Wesen selber und ihrer ersten Wirkungsgesetze in sich hat.
Diese Einsicht verdoppelt mein Zutrauen auf den Entwurf den
ich gemacht habe. Die Zuversicht vermehret sich bey jeden
Schritte den ich mit Fortgang weiter setze und meine Klein-
müthigkeit hört völlig auf.

Aber die Vertheidigung deines Systems, wird man sagen,
ist zugleich die Vertheidigung der Meinungen des Epikurs,
welche damit die grösseste Aehnlichkeit haben. Ich will nicht
völlig alle Uebereinstimmung mit demselben ablehnen. Viele
sind durch den Schein solcher Gründe zu Atheisten geworden,
welche bey genauerer Erwegung sie von der Gewissheit des
höchsten Wesens am kräftigsten hätten überzeugen können.
Die Folgen die ein verkehrter Verstand aus untadelhaften
Grundsätzen zieht, sind öfters sehr tadelhaft, und so waren
es auch die Schlüsse des Epikurs, ohnerachtet sein Entwurf
der Scharfsinnigkeit eines grossen Geistes gemäss war.

Ich werde es also nicht in Abrede seyn, dass die Theorie
des Lukretz oder dessen Vorgängers des Epikurs, Leucipps,
und Demokritus mit der meinigen viele Aehnlichkeit habe.
Ich setze den ersten Zustand der Natur, so wie jene Welt-
weise, in der allgemeinen Zerstreuung des Urstoffs aller Weltkörper, oder der Atomen, wie sie bey jenen genannt werden.
Epikur setzte eine Schwere, die diese elementarische Theilchen
zum Sinken trieb, und dieses scheinet von der newtonischen
Anziehung die ich annehme nicht sehr verschieden zu sein;
er gab ihnen auch eine gewisse Abweichung von der gerad-

linigten Bewegung des Falles, ob er gleich in Ansehung der
Ursache derselben und ihren Folgen ungereimte Einbildungen
hatte: diese Abweichung kommt einigermaassen mit der Veränderung der geradlinigten Senkung, die wir aus der Zurückstossungskraft der Theilchen herleiten, überein; endlich waren
die Wirbel die aus der verwirreten Bewegung der Atomen
entstanden ein Hauptstück in dem Lehrbegriffe des Leucipps
und Democritus und man wird sie auch in dem unsrigen antreffen. So viel Verwandschaft mit einer Lehrverfassung,
die die wahre Theorie der Gottesleugnung im Alterthum war,
zieht indessen die meinige dennoch nicht in die Gemeinschaft
ihrer Irrthümer. Auch in den aller unsinnigsten Meinungen
welche sich bey den Menschen haben Beyfall erwerben können,
wird man jederzeit etwas wahres bemerken. Ein falscher
Grundsatz, oder ein Paar unüberlegte Verbindungssätze leiten
den Menschen von dem Fusssteige der Wahrheit durch unmerkliche Abwege bis in den Abgrund. Es bleibt ohnerachtet der angeführten Aehnlichkeit dennoch ein wesentlicher Unterschied zwischen der alten Cosmogonie und der
gegenwärtigen um aus dieser ganz entgegengesetzte Folgen
ziehen zu können.

Die angeführten Lehrer der mechanischen Erzeugung des
Weltbaues leiteten alle Ordnung die sich an demselben wahr-
nehmen lässt aus dem ungefähren Zufalle her, der die Atomen
so glücklich zusammentreffen liess, dass sie ein wohlgeordnetes Ganze ausmachten. Epikur war gar so unverschämt,
dass er verlangte, die Atomen wichen von ihrer geraden Bewegung ohne alle Ursache ab, um einander begegnen zu können.
Alle insgesammt trieben diese Ungereimtheit so weit, dass sie
den Ursprung aller belebten Geschöpfe eben diesem blinden
Zusammenlauf beymassen und die Vernunft wirklich aus der
Unvernunft herleiteten. In meiner Lehrverfassung hingegen
finde ich die Materie an gewisse nothwendige Gesetze gebunden. Ich sehe in ihrer gänzlichen Auflösung und Zerstreuung ein schönes und ordentliches Ganze sich ganz natürlich daraus entwickeln. Es geschiehet dieses nicht durch
einen Zufall und von ungefähr, sondern man bemerket dass
natürliche Eigenschaften es nothwendig also mit sich bringen.
Wird man hiedurch nicht bewogen zu fragen: warum muste
denn die Materie gerade solche Gesetze haben, die auf Ordnung und Wohlanständigkeit abzwecken? war es wohl möglich, dass viele Dinge, deren jedes seine von dem andern

unabhängige Natur hat, einander von selber gerade so bestimmen solten, dass ein wohlgeordnetes Ganze daraus entspringe und wenn sie dieses thun, giebt es nicht einen unleugbaren Beweis von der Gemeinschaft ihres ersten Ursprungs ab, der ein allgenugsamer höchster Verstand seyn muss, in welchem die Naturen der Dinge zu vereinbarten Absichten entworfen worden?

Die Materie die der Urstoff aller Dinge ist, ist also an gewisse Gesetze gebunden, welchen sie frey überlassen - nothwendig schöne Verbindungen hervorbringen muss. Sie hat keine Freyheit von diesem Plane der Vollkommenheit abzuweichen. Da sie also sich einer höchst weisen Absicht unterworfen befindet, so muss sie nothwendig in solche übereinstimmende Verhältnisse durch eine über sie herrschende erste Ursache versetzt worden seyn, und es ist ein GOtt eben deswegen, weil die Natur auch selbst im Chaos nicht anders als regelmässig und ordentlich verfahren kan.

Ich habe so viel gute Meinung von der redlichen Gesinnung dererjenigen, die diesem Entwurfe die Ehre thun, ihn zu prüfen, dass ich mich versichert halte, die angeführte Gründe werden, wo sie noch nicht alle Besorgniss schädlicher Folgen von meinem System aufheben können, dennoch wenigstens die Lauterkeit meiner Absicht ausser Zweifel setzen. Wenn es dem ungeachtet boshafte Eiferer giebt, die es vor eine würdige Pflicht ihres heiligen Berufs halten, den unschuldigsten Meinungen schädliche Auslegungen anzuheften, so bin ich versichert, dass ihr Urtheil bey Vernünftigen gerade die entgegengesetzte Wirkung ihrer Absicht hat. Man wird mich übrigens des Rechts nicht berauben, das Cartesius, als er die Bildung der Weltkörper aus blos mechanischen Gesetzen zu erklären wagte, bey billigen Richtern jederzeit genossen hat. Ich will deswegen die Verfasser der allgemeinen Welthistorie*) anführen: »Indessen können wir nicht »anders als glauben: dass der Versuch dieses Weltweisen, »der sich bemühet die Bildung der Welt in gewisser Zeit aus »wüster Materie durch die blosse Fortsetzung einer einmal ein- »gedrückten Bewegung zu erklären, und solches auf einige wenige »leichte und allgemeine Bewegungsgesetze gebracht so wenig »als anderer, die seit dem mit mehrerem Beyfall eben »das versucht haben aus den ursprünglichen und

---

*) I. Theil §. 88.

»anerschaffenen Eigenschaften der Materie zu thun,
strafbar »oder GOtt verkleinerlich sey, wie sich manche ein-
»gebildet haben, indem dadurch vielmehr ein höherer
»Begriff seiner unendlichen Weisheit verursacht wird.«
Ich habe die Schwierigkeiten, die von Seiten der Religion
meine Sätze zu bedrohen schienen hinweg zu räumen gesucht.
Es giebt einige nicht geringere in Ansehung der Sache selber.
Wenn es gleich wahr ist, wird man sagen, dass GOtt in die
Kräfte der Natur eine geheime Kunst gelegt hat, sich aus
dem Chaos von selber zu einer vollkommenen Weltverfassung
auszubilden, wird der Verstand des Menschen, der bey den
gemeinsten Gegenständen so blöd ist, in so grossem Vorwurfe
die verborgene Eigenschaften zu erforschen vermögend seyn.
Ein solches Unterfangen heisst eben so viel als wenn man sagte:
Gebt mir nur Materie, ich will euch eine Welt daraus
bauen. Kan dich die Schwäche deiner Einsichten, die an
den geringsten Dingen, welche deinen Sinnen täglich und in
der Nähe vorkommen, zu schanden wird, nicht lehren: dass
es vergeblich sey, das Unermessliche und das was in der Natur
vorging ehe noch eine Welt war, zu entdecken. Ich vernichte
diese Schwierigkeit, indem ich deutlich zeige, dass eben diese
Untersuchung unter allen, die in der Naturlehre aufgeworfen
werden können diejenige sey, in welcher man am leichtesten
und sichersten bis zum Ursprunge gelangen kan. Eben so
wie unter allen Aufgaben der Naturforschung keine mit mehr
Richtigkeit und Gewisheit aufgelöset worden, als die wahre
Verfassung des Weltbaues im Grossen, die Gesetze der Bewegungen und das innere Triebwerk der Umläufe aller Planeten; als worin die Newtonische Weltweisheit solche Einsichten gewähren kan, dergleichen man sonst in keinem Theile
der Weltweisheit antrift; eben also, behaupte ich, sey unter
allen Naturdingen, deren erste Ursache man nachforschet, der
Ursprung des Weltsystems und die Erzeugung der Himmelskörper, samt den Ursachen ihrer Bewegungen, dasjenige, was
man am ersten gründlich und zuverlässig einzusehen hoffen
darf. Die Ursache hievon ist leicht zu ersehen. Die Himmelskörper sind runde Massen, also von der einfachsten Bildung,
die ein Körper, dessen Ursprung man sucht, nur immer haben
kan. Ihre Bewegungen sind gleichfals unvermischt. Sie
sind nichts als eine freye Fortsetzung eines einmal eingedrückten Schwunges, welcher, mit der Attraktion des Körpers
im Mittelpunkte verbunden, kreisförmigt wird. Ueberdem ist

der Raum, darinn sie sich bewegen, leer, die Zwischenweiten, die sie von einander absondern, ganz ungemein gross und also alles sowohl zur unverwirrten Bewegung, als auch deutlichen Bemerkung derselben auf das deutlichste aus einander gesetzt. Mich dünkt, man könne hier im gewissem Verstande ohne Vermessenheit sagen: Gebet mir Materie, ich will eine Welt daraus bauen! das ist, gebt mir Materie, ich will euch zeigen, wie eine Welt daraus entstehen soll. Denn wenn Materie vorhanden ist, welche mit einer wesentlichen Attraktionskraft begabt ist, so ist es nicht schweer diejenigen Ursachen zu bestimmen, die zu der Einrichtung des Weltsystems im Grossen betrachtet, haben beytragen können. Man weiss was dazu gehöret, dass ein Körper eine Kugelrunde Figur erlange, man begreift was erfordert wird, dass frey schwebende Kugeln eine kreisförmige Bewegung um den Mittelpunkt anstellen gegen den sie gezogen werden. Die Stellung der Kreise gegeneinander, die Uebereinstimmung der Richtung, die Eccentricität, alles kan auf die einfachsten mechanischen Ursachen gebracht werden, und man darf mit Zuversicht hoffen sie zu entdecken, weil sie auf die leichtesten und deutlichsten Gründe gesetzt werden können. Kan man aber wohl von den geringsten Pflanzen oder Inseckt sich solcher Vortheile rühmen? Ist man im Stande zu sagen: Gebt mir Materie, ich will euch zeigen wie eine Raupe erzeuget werden könne? Bleibt man hier nicht bey dem ersten Schritte, aus Unwissenheit der wahren innern Beschaffenheit des Objects und der Verwickelung der in demselben vorhandenen Mannigfaltigkeit, stecken? Man darf es sich also nicht befremden lassen, wenn ich mich unterstehe zu sagen: dass eher die Bildung aller Himmelskörper, die Ursach ihrer Bewegungen, kurz, der Ursprung der ganzen gegenwärtigen Verfassung des Weltbaues, werde können eingesehen werden, ehe die Erzeugung eines einzigen Krauts oder einer Raupe, aus mechanischen Gründen, deutlich und vollständig kund werden wird.

Dieses sind die Ursachen, worauf ich meine Zuversicht gründe, dass der physische Theil der Weltwissenschaft künftighin noch wohl eben die Vollkommenheit zu hoffen habe, zu der Newton die mathematische Hälfte derselben erhoben hat. Es sind nächst den Gesetzen, nach welchen der Weltbau, in der Verfassung darinn er ist, bestehet, vielleicht keine anderen in der ganzen Naturforschung solcher mathematischen

Bestimmungen fähig, als diejenigen, nach welchen er entstanden ist, und ohne Zweifel würde die Hand eines versuchten Messkünstlers hier nicht unfruchtbare Felder bearbeiten.

Nachdem ich den Vorwurf meiner Betrachtung einer günstigen Aufnahme zu empfehlen mir habe angelegen seyn lassen; so wird man mir erlauben, mich wegen der Art, nach der ich ihn abgehandelt habe, kürzlich zu erklären. Der erste Theil gehet mit einem neuen System des Weltgebäudes im Grossen um. Herrn Wright von Durham, dessen Abhandlung ich aus den Hamburgischen freyen Urtheilen vom Jahr 1751 habe kennen lernen, hat mir zuerst Anlass gegeben, die Fixsterne nicht als ein ohne sichtbare Ordnung zerstreutes Gewimmel, sondern als ein System anzusehen, welches mit einem planetischen die grösste Aehnlichkeit hat, so dass, gleichwie in diesem die Planeten sich einer gemeinschaftlichen Fläche sehr nahe befinden, also auch die Fixsterne sich in ihren Lagen auf eine gewisse Fläche, die durch den ganzen Himmel muss gezogen gedacht werden, so nahe als möglich beziehen und durch ihre dichteste Häufung zu derselben denjenigen lichten Streif darstellen, welcher die Milchstrasse genannt wird. Ich habe mich vergewissert, dass, weil diese von unzehligen Sonnen erleuchtete Zone sehr genau die Richtung eines grössten Zirkels hat, unsere Sonne sich dieser grossen Beziehungsfläche gleichfals sehr nahe befinden müsse. Indem ich den Ursachen dieser Bestimmung nachgegangen bin, habe ich sehr wahrscheinlich zu seyn befunden: dass die so genannten Fixsterne, oder feste Sterne, wohl eigentlich langsam bewegte Wandelsterne einer höheren Ordnung seyn könten. Zur Bestätigung dessen, was man an seinem Orte von diesem Gedanken antreffen wird, will ich allhier nur eine Stelle aus einer Schrift des Herrn Bradley von der Bewegung der Fixsterne anführen. »Wenn man aus dem Erfolg der Verglei-
»chung unserer besten jetzigen Beobachtungen, mit denen
»welche vor diesem mit einem erträglichen Grade der Richtig-
»keit angestellet worden, ein Urtheil fällen will, so erhellet:
»dass einige Fixsterne wirklich ihren Stand gegen einander
»verändert haben, und zwar so, dass man siehet, dass dieses
»nicht irgend von einer Bewegung in unserm Planetengebäude
»herrühret, sondern dass es bloss einer Bewegung der Sterne
»selber zugeschrieben werden kan. Der Arktur giebt einen
»starken Beweis hievon an die Hand. Denn wenn man des-
»selben gegenwärtige Declination mit seinem Orte, wie derselbe

»so wohl von Ticho als auch von Flammsteed ist bestimmt
»worden, vergleicht, so wird man finden: dass der Unter-
»schied grösser ist als man ihn von der Ungewissheit ihrer
»Beobachtungen herzurühren vermuthen kan. Man hat Ur-
»sache zu vermuthen: dass auch andere Exempel von gleicher
»Beschaffenheit unter der grossen Anzahl der sichtbaren Sterne
»vorkommen müssen, weil ihre Lagen gegeneinander durch
»mancherley Ursachen können verändert werden. Denn wenn
»man sich vorstellt, dass unser eigenes Sonnengebäude seinen
»Ort in Ansehung des Weltraums verändert; so wird dieses
»nach Verlauf einiger Zeit eine scheinbare Veränderung der
»Winkelentfernungen der Fixsterne verursachen. Und weil
»dieses in solchem Falle in die Oerter der nächsten Sterne
»einen grösseren Einfluss haben würde, als in die Oerter
»dererjenigen, welche weit entfernet sind, so würden ihre
»Lagen sich zu verändern scheinen, obgleich die Sterne selbst
»wirklich unbeweglich blieben. Und wenn im Gegentheil
»unser eigen Planetengebäude stille steht und einige Sterne
»wirklich eine Bewegung haben; so wird dieses gleichfalls
»ihre scheinbare Lage verändern, und zwar um destomehr,
»je näher sie bey uns sind, oder je mehr die Richtung der
»Bewegung so beschaffen ist, dass sie von uns kan wahr-
»genommen werden. Da nun also die Lagen der Sterne von
»so mancherley Ursachen können verändert werden, indem
»man die erstaunlichen Entfernungen, in welchen ganz gewiss
»einige gelegen sind, betrachtet; so werden wohl die Beob-
»achtungen vieler Menschenalter nöthig seyn, die Gesetze der
»scheinbaren Veränderungen, auch eines einzigen Sternes, zu
»bestimmen. Viel schweerer muss es also noch seyn, die
»Gesetze für alle die merkwürdigsten Sterne festzusetzen.«

Ich kan die Grenzen nicht genau bestimmen, die zwischen
dem System des Herrn Wright und dem meinigen anzutreffen
seyn, und in welchen Stücken ich seinen Entwurf bloss nach-
geahmet, oder weiter ausgeführt habe. Indessen bothen sich
mir nach der Hand annehmungswürdige Gründe dar, es auf
der einen Seite beträchtlich zu erweitern. Ich betrachtete die
Art neblichter Sterne, deren Herr von Maupertuis in der Abhandlung von der Figur der Gestirne*) gedenket, und die

---

*) Weil ich den angeführten Traktat nicht bey der Hand habe,
so will ich dass dazu gehörige aus der Anführung der *Ouvrages
diverses de Msr. de Maupertuis* in den *Actis Erud.* 1745. hier

die Figur von mehr oder weniger offenen Ellipsen vorstellen,
und versicherte mich leicht, dass sie nichts anderes als eine
Häufung vieler Fixsterne seyn können.   Die jederzeit abgemessene Rundung dieser Figuren belehrte mich, dass hier ein

---

einrücken.   Das erste Phänomenon sind diejenige lichte Stellen
am Himmel, welche neblichte Sterne genannt, und vor einen Haufen
kleiner Fixsterne gehalten werden.   Allein die Astronomen haben
durch vortrefliche Ferngläser sie nur als grosse länglichtrunde
Plätzchen, die etwas lichter als der übrige Theil des Himmels
wären, befunden.   Hugen hat dergleichen etwas zuerst im Orion
angetroffen; Halley gedenket in den *Anglical. Trans.* sechs solcher
Plätzchen. 1. im Schwerdt des Orions, 2. im Schützen, 3. im
Centaurus, 4. vor dem rechten Fusse des Antinous, 5. im Herkules,
6. im Gürtel der Andromeda.   Wenn diese durch ein reflectirendes
Seherohr von 8 Fuss betrachtet werden, so siehet man, dass nur
der vierte Theil derselben vor einen Haufen Sterne könne gehalten
werden; die übrigen haben nur weisslichte Plätzchen vorgestellt,
ohne erheblichen Unterschied, ausser eines mehr der Cirkelrundung
beykommt, eines anderes aber länglichter ist.   Es scheint auch, dass
bei dem ersten die durch das Sehrohr sichtbaren kleinen Sternchen
seinen weisslichen Schimmer nicht verursachen können.   Halley
glaubt: »dass man aus diesen Erscheinungen dasjenige erklären
»könne, was man im Anfang der Mosaischen Schöpfungsgeschichte
»antrift, nemlich dass das Licht eher als die Sonne erschaffen sey.
»Derham vergleicht sie Oeffnungen, dadurch eine andere unermess-
»liche Gegend und vielleicht der Feuerhimmel durchscheine.   Er
»meynet, er habe bemerken können, dass die Sterne, die neben
»diesen Plätzchen gesehen werden, uns viel näher wären, als diese
»lichte Stellen.   Diesen fügt der Verfasser ein Verzeichniss der
»neblichten Sterne aus dem Hevelius bey.   Er hält diese Erschei-
»nungen vor grosse lichte Massen, die durch eine gewaltige Um-
»wälzung abgeplattet worden wären.   Die Materie, daraus sie be-
»stehen, wenn sie eine gleichleuchtende Kraft mit den übrigen
»Sternen hätte, würde von ungeheurer Grösse seyn müssen, damit
»sie, aus einem viel grösseren Abstande, als der Sterne ihrer ist,
»gesehen, dennoch dem Fernglase unter merklicher Gestalt und
»Grösse erscheinen können.   Wenn sie aber an Grösse den übrigen
»Fixsternen ohngefehr gleich kämen; müsten sie uns nicht allein
»ungleich viel näher seyn, sondern zugleich ein viel schwächeres
»Licht haben: weil sie bey solcher Nähe und scheinbarer Grösse
»doch einen so blassen Schimmer an sich zeigen.   Es würde also
»der Mühe verlohnen, ihre Parallaxe, wofern sie eine haben, zu
»entdecken.   Denn diejenigen, welche sie ihnen absprechen,
»schliessen vielleicht von einigen auf alle.   Die Sternchen, die man
»mitten auf diesen Plätzchen antrift, wie in dem Orion (oder noch
»schöner, in dem vor dem rechten Fusse des Antinous, welcher
»nicht anders aussiehet als ein Fixstern, der mit einem Nebel um-
»geben ist) würden, wofern sie uns näher wären, entweder nach
»Art der Projection auf denselben gesehen, oder schienen durch
»jene Massen, gleich als durch die Schweife der Cometen, durch.«

unbegreiflich zahlreiches Sternenheer, und zwar um einen gemeinschaftlichen Mittelpunkt, müste geordnet seyn, weil sonst ihre freye Stellungen gegen einander, wohl irreguläre Gestalten, aber nicht abgemessene Figuren vorstellen würden. Ich sahe auch ein: dass sie in dem System, darinn sie sich vereinigt befinden, vornemlich auf eine Fläche beschränkt seyn müssten, weil sie nicht zirkelrunde, sondern elliptische Figuren abbilden, und dass sie wegen ihres blassen Lichts unbegreiflich weit von uns abstehen. Was ich aus diesen Analogien geschlossen habe wird die Abhandlung selber der Untersuchung des vorurtheilfreyen Lesers darlegen.

In dem zweiten Theile, der den eigentlichsten Vorwurf dieser Abhandlung in sich enthält, suche ich die Verfassung des Weltbaues aus dem einfachsten Zustande der Natur bloss durch mechanische Gesetze zu entwickeln. Wenn ich mich unterstehen darf denenjenigen, die sich über die Kühnheit dieses Unternehmens entrüsten, bey der Prüfung womit sie meine Gedanken beehren, eine gewisse Ordnung vorzuschlagen, so wollte ich bitten das achte Hauptstück S. 111 zuerst durchzulesen, welches, wie ich hoffe, ihre Beurtheilung zu einer richtigen Einsicht vorbereiten kan. Wenn ich indessen den gneigten Leser zur Prüfung meiner Meinungen einlade, so besorge ich mit Recht, dass, da Hypothesen von dieser Art gemeiniglich nicht in viel besseren Ansehen, als philosophische Träume stehen, es eine saure Gefälligkeit vor einen Leser ist, sich zu einer sorgfältigen Untersuchung von selbst erdachten Geschichten der Natur zu entschliessen und dem Verfasser durch alle die Wendungen, dadurch er den Schwierigkeiten, die ihm aufstossen, ausweichet, geduldig zu folgen, um vielleicht am Ende, wie die Zuschauer des londonschen Marktschreiers*), seine eigne Leichtgläubigkeit zu belachen. Indessen getraue ich mir zu versprechen: dass, wenn der Leser durch das vorgeschlagene Vorbereitungs-Hauptstück hoffentlich wird überredet worden seyn, auf so wahrscheinliche Vermuthungen doch ein solches physisches Abentheuer zu wagen, er auf dem Fortgange des Weges nicht so viel krumme Abwege und unwegsame Hindernisse, als er vielleicht anfänglich besorgt, antreffen werde.

Ich habe mich in der That mit grössester Behutsamkeit aller willkührlichen Erdichtungen entschlagen. Ich habe,

---

*) siehe Gellerts Fabel: Hans Nord.

nachdem ich die Welt in das einfachste Chaos versetzt, keine
andere Kräfte als die Anziehungs- und Zurückstossungskraft
zur Entwickelung der grossen Ordnung der Natur angewandt,
zwey Kräfte, welche beyde gleich gewiss, gleich einfach und
zugleich gleich ursprünglich und allgemein sind. Beyde sind
aus der Newtonischen Weltweisheit entlehnet. Die erstere ist
ein nunmehro ausser zweifelgesetztes Naturgesetz. Die zweyte,
welcher vielleicht die Naturwissenschaft des Newton nicht so
viel Deutlichkeit als die erstere gewähren kan, nehme ich hier
nur in demjenigen Verstande an, da sie niemand in Abrede
ist, nemlich bey der feinsten Auflösung der Materie, wie z. E.
bey den Dünsten. Aus diesen so einfachen Gründen habe ich
auf eine ungekünstelte Art, ohne andere Folgen zu ersinnen,
als diejenigen, worauf die Aufmerksamkeit des Lesers ganz
von selbst verfallen muss, das folgende System hergeleitet.

Man erlaube mir schlüsslich wegen der Gültigkeit und des
angeblichen Werthes derjenigen Sätze, die in der folgenden
Theorie vorkommen werden und wornach ich sie vor billigen
Richter geprüft zu werden wünsche, eine kurze Erklärungen
zu thun. Man beurtheilt billig den Verfasser nach demjenigen
Stempel, den er auf seine Waare druckt; daher hoffe ich, man
werde in den verschiedenen Theilen dieser Abhandlung keine
strengere Verantwortung meiner Meinungen fodern, als nach
Maasgebung des Werths, den ich von ihnen selber ausgebe.
Ueberhaupt kan die grösste geometrische Schärfe und mathematische Unfehlbarkeit niemals von einer Abhandlung dieser
Art verlangt werden. Wenn das System auf Analogien und
Uebereinstimmungen, nach den Regeln der Glaubwürdigkeit
und einer richtigen Denkungsart, gegründet ist; so hat es
allen Foderungen seines Objects genug gethan. Diesen Grad
der Tüchtigkeit meine ich in einigen Stücken dieser Abhandlung, als in der Theorie der Fixsternensystemen, in der Hypothese von der Beschaffenheit der neblichten Sterne, in dem
allgemeinen Entwurfe von der mechanischen Erzeugungsart
des Weltbaues, in der Theorie von dem Saturnusringe und
einigen andern erreicht zu haben. Etwas minder Ueberzeugung
werden einige besondere Theile der Ausführung gewähren,
wie z. E. die Bestimmung der Verhältnisse der Eccentricität,
die Vergleichung der Massen der Planeten, die mancherley
Abweichungen der Cometen, und einige andere.

Wenn ich daher in dem siebenten Hauptstück, durch die
Fruchtbarkeit des Systems und die Annehmlichkeit des grössten

und wunderwürdigsten Gegenstandes, den man sich nur denken
kan, angelocket, zwar stets an dem Leitfaden der Analogie
und einer vernünftigen Glaubwürdigkeit; doch mit einiger
Kühnheit die Folgen des Lehrgebäudes so weit als möglich
fortsetze; wenn ich das Unendliche der ganzen Schöpfung, die
Bildung neuer Welten und den Untergang der alten, den unbeschränkten Raum des Chaos der Einbildungskraft darstelle;
so hoffe ich, man werde der reizenden Annehmlichkeit des
Objects und dem Vergnügen, welches man hat, die Uebereinstimmungen
einer Theorie in ihrer grössesten Ausdehnung zu
sehen, so viel Nachsicht vergönnen, sie nicht nach der grössten
geometrischen Strenge, die ohnedem bey dieser Art der Betrachtungen nicht statt hat, zu beurtheilen. Eben dieser
Billigkeit versehe ich mich in Ansehung des dritten Theiles.
Man wird indessen allemal etwas mehr wie bloss willkühr-
liches, obgleich jederzeit etwas weniger als ungezweifeltes, in
selbigen antreffen.

Kurzer Abriss der nöthigsten Grundbegriffe der Newtonischen Wissenschaft. S. 24.

Innhalt des ganzen Werks.

Dritter Theil. S. 129.

Enthält eine Vergleichung zwischen den Einwohnern der Gestirne.

Ob alle Planeten bewohnt seyn? Ursache daran zu zweifeln. Grund der physischen Verhältnisse zwischen den Bewohnern verschiedener Planeten. Betrachtung des Menschen. Ursachen der Unvollkommenheit seiner Natur. Natürliches Verhältniss der körperlichen Eigenschaften der belebten Creaturen, nach ihrem verschiedenen Abstande von der Sonne. Folgen dieser Verhältnisse auf ihre geistige Fähigkeiten. Vergleichung der denkenden Naturen auf verschiedenen Himmelskörpern. Bestätigung aus gewissen Umständen ihrer Wohnplätze. Fernerer Beweis aus den Anstalten der göttlichen Vorsehung die zu ihrem Besten gemacht sind. Kurze Ausschweifung.

Beschluss. S. 145.

Die Begebenheiten des Menschen in dem künftigen Leben.

Kurzer

Abriss der nöthigsten Grundbegriffe

der

Newtonischen Weltwissenschaft*)

die zu dem Verstande des nachfolgenden erfordert werden.

Sechs Planeten, davon drey Begleiter haben, Merkur, Venus, die Erde mit ihrem Monde, Mars, Jupiter mit vier und Saturn mit fünf Trabanten, die um die Sonne als den Mittelpunkt Kreise beschreiben, nebst den Cometen, die es von allen Seiten her und in sehr langen Kreisen thun, machen ein System aus, welches man das System der Sonnen oder auch den planetischen Weltbau nennt. Die Bewegung aller dieser Körper, weil sie kreisförmig und in sich selbst zurückkehrend ist, setzet zwey [II] Kräfte voraus, welche bey einer jeglichen Art des Lehrbegriffs gleich nothwendig sind, nemlich eine schiessende Kraft, dadurch sie in jedem Punkte ihres krumlienigten Laufes die gerade Richtung fortsetzen, und sich ins Unendliche entfernen würden, wenn nicht eine andere Kraft, welche es auch immer seyn mag, sie beständig nöthigte diese zu verlassen und in einem krummen Gleise zu laufen, der die Sonne als den Mittelpunkt umfasset. Diese zweyte Kraft, wie die Geometrie selber es ungezweifelt ausmacht, zielt allenthalben zu der Sonne hin und wird daher die sinkende, die Centripetalkraft, oder auch die Gravität genennet.

Wenn die Kreise der Himmelskörper genaue Cirkel wären, so würde die allereinfachste Zergliederung der Zusammen-

---

*) Diese kurze Einleitung, welche vieleicht in Ansehung der meisten Leser überflüssig seyn möchte, habe ich denen, die etwa der Newtonischen Grundsätze nicht genugsam kundig seyn, zur Vorbereitung der Einsicht in die folgende Theorie vorher ertheilen wollen.

setzung krumlienigter Bewegungen zeigen: dass ein anhaltender Trieb gegen den Mittelpunkt dazu erfordert werde; allein obgleich sie an allen Planeten sowohl als Cometen Ellipsen sind, in deren gemeinschaftlichem Brennpunkte sich die Sonne befindet, so thut doch die höhere Geometrie mit Hülfe der Keplerischen Analogie, (nach welcher der *radius vector*, oder die von dem Planeten zur Sonne gezogene Linie, stets solche Räume von der elliptischen Bahn abschneidet, die den Zeiten proportionirt seyn,) gleichfals mit untrieglicher Gewisheit dar; dass eine Kraft den Planet in dem ganzen Kreislaufe gegen den Mittelpunkt der Sonne unablässig treiben müsste. Diese Senkungskraft, die durch den ganzen Raum des Planetensystems [III] herschet und zu der Sonne hinzielet, ist also ein ausgemachtes Phänomenon der Natur, und eben so zuverlässig ist auch das Gesetze erwiesen, nach welchem sich diese Kraft von dem Mittelpunkte in die ferne Weiten erstrecket. Sie nimmt immer umgekehrt ab, wie die Quadrate der Entfernungen von demselben zunehmen. Diese Regel fliesst auf eine eben so untriegliche Art aus der Zeit die die Planeten in verschiedenen Entfernungen zu ihren Umläufen gebrauchen. Diese Zeiten sind immer wie die Quadratwurzel aus den Cubis ihrer mitlern Entfernungen von der Sonne, woraus hergeleitet wird: dass die Kraft, die diese Himmelskörper zu dem Mittelpunkte ihrer Umwälzung treibt, in umgekehrten Verhältnisse der Quadrate des Abstandes abnehmen müsse.

Eben dasselbe Gesetz was unter den Planeten herrscht, in so fern sie um die Sonne laufen, findet sich auch bey den kleinen Systemen, nemlich denen, die die um ihre Hauptplaneten bewegte Monden ausmachen. Ihre Umlaufszeiten sind eben so gegen die Entfernungen proportionirt, und setzen eben dasselbe Verhältniss der Senkungskraft gegen den Planeten fest, als dasjenige ist, dem dieser zu der Sonne hin unterworfen ist. Alles dieses ist aus der untrieglichsten Geometrie, vermittelst unstrittiger Beobachtungen, auf immer ausser Widerspruch gesetzt. Hiezu kommt noch die Idee, dass diese Senkungskraft eben derselbe Antrieb sey, der auf der Oberfläche des Planeten die Schweere genannt wird, und der von diesem sich stufenweise nach dem angeführten [IV] Gesetze mit den Entfernungen vermindert. Dieses ersiehet man aus der Vergleichung der Quantität der Schweere auf der Oberfläche der Erde mit der Kraft, die den Mond zum Mittelpunkte seines Kreises hintreibt, welche gegen einander eben

so wie die Attraktion in dem ganzen Weltgebäude, nemlich
im umgekehrten Verhältniss des Quadrats der Entfernungen
ist. Dies ist die Ursache, warum man oftgemeldete Centralkraft auch die Gravität nennet.

Weil es überdem auch im höchsten Grade wahrscheinlich
ist: dass, wenn eine Wirkung nur in Gegenwart und nach
Proportion der Annäherung zu einem gewissen Körper geschiehet, die Richtung derselben auch aufs genaueste auf
diesen Körper beziehend ist, zu glauben sey, dieser Körper
sey, auf was für Art es auch wolle, die Ursache derselben;
so hat man um deswillen Grund genug zu haben vermeynet,
diese allgemeine Senkung der Planeten gegen die Sonne,
einer Anziehungskraft der letztern zuzuschreiben, und dieses
Vermögen der Anziehung allen Himmelskörpern überhaupt
beyzulegen.

Wenn ein Körper also diesem Antriebe der ihn zum
Sinken gegen die Sonne oder irgend einen Planeten treibt,
frey überlassen wird; so wird er in stets beschleunigter Bewegung zu ihm niederfallen und in kurzem sich mit desselben
Masse vereinigen. Wenn er aber einen Stoss nach der Seite
hin bekommen hat; so wird er, wenn dieser nicht so kräftig
ist, dem Drucke des Sinkens genau das Gleichgewicht zu leisten,
sich in einer [V] gebogenen Bewegung zu dem Centralkörper
hinein senken, und wenn der Schwung, der ihm eingedruckt
worden, wenigstens so stark gewesen, ihn, ehe er die Oberfläche desselben berührt, von der senkrechten Linie um die
halbe Dicke des Körpers im Mittelpunkte zu entfernen, so
wird er nicht dessen Oberfläche berühren, sondern, nachdem
er sich dichte um ihn geschwungen hat, durch die vom Falle
erlangte Geschwindigkeit sich wieder so hoch erheben, als er
gefallen war, um in beständiger Kreisbewegung um ihn seinen
Umlauf fortzusetzen.

Der Unterschied zwischen den Laufkreisen der Cometen
und Planeten bestehet also in der Abwiegung der Seiten-
bewegung gegen den Druck, der sie zum Fallen treibt; welche
zwey Kräfte je mehr sie der Gleichheit nahe kommen, desto
ähnlicher wird der Kreis der Cirkelfigur, und je ungleicher
sie seyn, je schwächer die schiessende Kraft in Ansehung der
Centralkraft ist, desto länglichter ist der Kreis, oder wie man
es nennt, desto eccentrischer ist er, weil der Himmelskörper
in einem Theile seiner Bahn sich der Sonne weit mehr nähert,
als im andern.

Weil nichts in der ganzen Natur auf das genaueste abgewogen ist, so hat auch kein Planet eine ganz cirkelförmige
Bewegung; aber die Cometen weichen am meisten davon ab,
weil der Schwung, der ihnen zur Seite eingedrückt worden,
am wenigsten zu der Centralkraft ihres ersten Abstandes
proportionirt gewesen.

Ich werde mich in der Abhandlung sehr oft des Ausdrucks
einer systematischen Verfassung [**VI**] des Weltbaues
bedienen. Damit man keine Schwierigkeit finde, sich deutlich
vorzustellen, was dadurch soll angedeutet werden, so will ich
mich darüber mit wenigem erklären. Eigentlich machen alle
Planeten und Cometen, die zu unserem Weltbau gehören, dadurch
schon ein System aus, dass sie sich um einen gemeinschaftlichen Centralkörper drehen. Ich nehme aber diese Benennung noch in engerem Verstande, indem ich auf die genauere
Beziehungen sehe, die ihre Verbindung mit einander regelmässig und gleichförmig gemacht hat. Die Kreise der Planeten beziehen sich so nahe, wie möglich auf eine gemeinschaftliche Fläche, nemlich auf die verlängerte Aequatorsfläche
der Sonne; die Abweichung von dieser Regel findet nur bey
der äussersten Grenze des Systems, da alle Bewegungen all-
mählich aufhören, statt. Wenn daher eine gewisse Anzahl
Himmelskörper, die um einen gemeinschaftlichen Mittelpunkt
geordnet sind, und sich um selbigen bewegen, zugleich auf
eine gewisse Fläche so beschrenkt worden, dass sie von sel-
biger zu beyden Seiten nur so wenig als möglich abzuweichen
die Freyheit haben: wenn die Abweichung nur bey denen,
die von dem Mittelpunkte am weitesten entfernet sind, und
daher an den Beziehungen weniger Antheil als die andern
haben, stufenweise statt findet; so sage ich, diese Körper befinden sich in einer systematischen Verfassung zusammen
verbunden.

Allgemeine

Naturgeschichte und Theorie des Himmels.

Erster Theil,

Abriss einer systematischen Verfassung unter den Fixsternen,
imgleichen
von der Vielheit solcher Fixsternsystemen.

Seht jene grosse Wunderkette die alle Theile
dieser Welt;
Vereinet und zusammenzieht und die das grosse
Ganz erhält.
Pope.

Der Lehrbegriff von der allgemeinen Verfassung des Weltbaues hat seit den Zeiten des Huygens keinen merklichen
Zuwachs gewonnen. Man weiss noch zur Zeit nichts mehr,
als was man schon damals gewust hat, nemlich, dass sechs
Planeten mit zehn Begleitern, welche alle beynahe auf einer
Fläche die Cirkel ihres Umlaufs gerichtet haben, und die
ewige cometische Kugeln, die nach allen Seiten ausschweifen,
ein [2] System ausmachen, dessen Mittelpunkt die Sonne ist,
gegen welche sich alles senkt, um welche ihre Bewegungen
gehen, und von welcher sie alle erleuchtet, erwärmet und belebet werden; dass endlich die Fixsterne als eben so viel
Sonnen, Mittelpunkte von ähnlichen Systemen seyn, in welchen
alles eben so gross und eben so ordentlich als in den unsrigen eingerichtet seyn mag, und dass der unendliche Weltraum von Weltgebäuden wimmele, deren Zahl und Vortreflichkeit ein Verhältniss zur Unermesslichkeit ihres Schöpfers hat[1]).

Das systematische, welches in der Verbindung der Planeten,
die um ihre Sonnen laufen, statt fand, verschwand allhier in
der Menge der Fixsternen, und es schien, als wenn die gesetzmässige Beziehung, die im Kleinen angetroffen wird, nicht

unter den Gliedern des Weltalls im Grossen herrsche; die
Fixsterne bekamen kein Gesetz, durch welches ihre Lagen
gegen einander eingeschränket wurden, und man sahe sie alle
Himmel und aller Himmel Himmel ohne Ordnung und ohne
Absicht erfüllen. Seit dem die Wissbegierde des Menschen
sich diese Schranken gesetzet hat, so hat man weiter nichts
gethan, als die Grösse desjenigen daraus abzunehmen und zu
bewundern, der in so unbegreiflich grossen Werken sich offenbaret hat.

Dem Herrn Wright von Durham, einem Engeländer, war
es vorbehalten, einen glücklichen Schritt zu einer Bemerkung
zu thun, welche von ihm selber zu keiner gar zu tüchtigen
Absicht gebraucht [3] zu seyn scheinet, und deren nützliche
Anwendung er nicht genugsam beobachtet hat. Er betrachtete die Fixsterne nicht als ein ungeordnetes und ohne Absicht zerstreutes Gewimmel, sondern er fand eine systematische
Verfassung im Ganzen, und eine allgemeine Beziehung dieser
Gestirne gegen einen Hauptplan der Räume, die sie einnehmen.

Wir wollen den Gedanken, den er vorgetragen, zu ver-
bessern und ihm diejenige Wendung zu ertheilen suchen, dadurch er an wichtigen Folgen fruchtbar seyn kan, deren
völlige Bestätigung den künftigen Zeiten aufbehalten ist.

Jedermann, der den bestirnten Himmel in einer heitern
Nacht ansiehet, wird denjenigen lichten Streif gewahr, der
durch die Menge der Sterne, die daselbst mehr als anderwerts
gehäuft seyn, und durch ihre sich in der grossen Weite ver-
lierende Kentlichkeit, ein einförmigtes Licht darstellet, welches
man mit dem Nahmen der Milchstrasse benennet hat. Es ist
zu bewundern, dass die Beobachter des Himmels durch die
Beschaffenheit dieser am Himmel kenntlich unterschiedenen
Zone nicht längst bewogen worden, sonderbare Bestimmungen
in der Lage der Fixsterne daraus abzunehmen. Denn man
siehet ihn die Richtung eines grössten Zirkels, und zwar in
ununterbrochenem Zusammenhange, um den ganzen Himmel
einnehmen, zwey Bedingungen, die eine so genaue Bestimmung
und von dem Unbestimmten des Ungefehrs so kenntlich unter-
schiedene Merkmale mit sich führen, dass aufmerksame [4]
Sternkundige natürlicher Weise dadurch hätten veranlasset
werden sollen, der Erklärung einer solchen Erscheinung mit
Aufmerksamkeit nachzuspüren.

Weil die Sterne nicht auf die scheinbare hole Himmels-
sphäre gesetzet sind, sondern einer weiter als der andere von

unserm Gesichtspuncte entfernet, sich in der Tiefe des Himmels verlieren: so folget aus dieser Erscheinung, dass in den Entfernungen, darinn sie einer hinter dem andern von uns abstehen, sie sich nicht in einer nach allen Seiten gleichgültigen Zerstreuung befinden, sondern sich auf eine gewisse Fläche vornemlich beziehen müssen, die durch unsern Gesichtspunkt gehet, und welcher sie sich so nahe als möglich zu befinden bestimmet sind.

Diese Beziehung ist ein so ungezweifeltes Phänomenon, dass auch selber die übrigen Sterne, die in dem weisslichten Streife der Milchstrasse nicht begriffen sind, doch um desto gehäufter und dichter gesehen werden, je näher ihre Oerter dem Cirkel der Milchstrasse sind, so, dass von den 2000 Sternen, die das blosse Auge am Himmel entdecket, der grösste Theil in einer nicht gar breiten Zone, deren Mitte die Milchstrasse einnimmt, angetroffen wird.

Wenn wir nun eine Fläche durch den Sternenhimmel hindurch in unbeschränkte Weiten gezogen gedenken, und annehmen: dass zu dieser Fläche alle Fixsterne und Systemata eine allgemeine Beziehung ihres Orts haben, um sich derselben näher [5] als anderen Gegenden zu befinden, so wird das Auge, welches sich in dieser Beziehungsfläche befindet, bey seiner Aussicht in das Feld der Gestirne, an der hohlen Kugelfläche des Firmaments, diese dichteste Häufung der Sterne in der Richtung solcher gezogenen Fläche unter der Gestalt einer von mehrerem Lichte erleuchteten Zone erblicken. Dieser lichte Streif wird nach der Richtung eines grössten Zirkels fortgehen, weil der Stand des Zuschauers in der Fläche selber ist. In dieser Zone wird es von Sternen wimmeln, welche durch die nicht zu unterscheidende Kleinigkeit der hellen Punkte, die sich einzeln dem Gesichte entziehen, und durch ihre scheinbare Dichtigkeit, einen einförmig weisslichten Schimmer, mit einem Worte, eine Milchstrasse vorstellig machen. Das übrige Himmelsheer, dessen Beziehung gegen die gezogene Fläche sich nach und nach vermindert, oder welches sich auch dem Stande des Beobachters näher befindet, wird mehr zerstreuet, wiewol doch, ihrer Häufung nach, auf eben diesen Plan beziehend gesehen werden. Endlich folget hieraus, dass unsere Sonnenwelt, weil von ihr aus dieses System der Fixsterne in der Richtung eines grössesten Zirkels gesehen wird, mit in eben derselben grossen Fläche befindlich sey, und mit den übrigen ein System ausmache.

Wir wollen, um in die Beschaffenheit der allgemeinen Verbindung, die in dem Weltbaue herrschet, desto besser zu dringen, die Ursache zu entdecken suchen, welche die Oerter der Fixsterne auf eine [6] gemeinschaftliche Fläche beziehend gemacht hat.

Die Sonne schrenket die Weite ihrer Anziehungskraft nicht in den engen Bezirk des Planetengebäudes ein. Allem Ansehen nach erstreckt sie selbige ins unendliche. Die Cometen, die sich sehr weit über den Kreiss des Saturns erheben, werden durch die Anziehung der Sonne genöthiget, wieder zurück zu kehren und in Kreisen zu laufen. Ob es also gleich der Natur einer Kraft, die dem Wesen der Materie einverleibt zu seyn scheinet, gemässer ist, unbeschränkt zu seyn, und sie auch wirklich von denen, die Newtons Sätze annehmen, davor erkannt wird; so wollen wir doch nur zugestanden wissen, dass diese Anziehung der Sonne ohngefehr bis zum nächsten Fixsterne reiche, und dass die Fixsterne als eben so viel Sonnen in gleichem Umfange um sich wirken, folglich dass das ganze Heer derselben einander durch die Anziehung zu nähern bestrebt sey; so finden sich alle Weltsystemen in der Verfassung, durch die gegenseitige Annäherung, die unaufhörlich und durch nichts gehindert ist, über kurz oder lang in einen Klumpen zusammen zu fallen, wofern diesem Ruin nicht so wie bey den Kugeln unsers planetischen Systems durch die den Mittelpunkt fliehende Kräfte vorgebeugt worden, welche, indem sie die Himmelskörper von dem geraden Falle abbeugen, mit den Kräften der Anziehung in Verbindung die ewige Kreisumläufe zuwege bringen, dadurch das Gebäude der Schöpfung vor der [7] Zerstörung gesichert und zu einer unvergänglichen Dauer geschickt gemacht wird.

So haben denn alle Sonnen des Firmaments Umlaufsbewegungen, entweder um einen allgemeinen Mittelpunkt oder um viele. Man kann sich aber allhier der Analogie bedienen, dessen, was bey den Kreisläufen unserer Sonnenwelt bemerket wird: dass nemlich, gleichwie eben dieselbe Ursache, die den Planeten die Centerfliehkraft, durch die sie ihre Umläufe verrichten, ertheilet hat, ihre Laufkreise auch so gerichtet: dass sie sich alle auf eine Fläche beziehen, also auch die Ursache, welche es auch immer seyn mag, die den Sonnen der Oberwelt, als so viel Wandelsternen höherer Weltordnungen die Kraft der Umwendung gegeben, ihre Kreise zugleich so viel

möglich auf eine Fläche gebracht, und die Abweichungen von
derselben einzuschränken bestrebt gewesen.

Nach dieser Vorstellung kann man das System der Fixsterne einiger massen durch das planetische abschildern, wenn
man dieses unendlich vergrössert. Denn wenn wir an statt
der 6 Planeten mit ihren 10 Begleitern so viele tausend derselben, und an statt der 28 oder 30 Cometen, die beobachtet
worden, ihrer hundert und tausendmal mehr annehmen, wenn
wir eben diese Körper als selbstleuchtend gedenken, so würde
dem Auge des Zuschauers, das sie von der Erde ansiehet,
eben der Schein als von den Fixsternen der Milchstrasse entstehen. Denn die gedachte Planeten würden durch ihre Naheit
[8] zu dem gemeinen Plane ihrer Beziehung, uns, die wir
mit unserer Erde in eben demselben Plane befindlich seyn,
eine von unzählbaren Sternen dicht erleuchtete Zone darstellen,
deren Richtung nach dem grössesten Zirkel gienge; dieser
lichte Streifen würde allenthalben mit Sternen genugsam be-
setzet seyn, obgleich gemäss der Hypothese es Wandelsterne,
mithin nicht an einen Ort geheftet sind, denn es würden sich
allezeit nach einer Seite Sterne genug durch ihre Versetzung
befinden, obgleich andere diesen Ort geändert hätten.

Die Breite dieser erleuchteten Zone, welche eine Art eines
Thierkreises vorstellet, wird durch die verschiedene Grade der
Abweichung besagter Irrsterne von dem Plane ihrer Beziehung
und durch die Neigung ihrer Kreise gegen dieselbe Fläche
veranlasset werden; und weil die meisten diesem Plane nahe
seyn, so wird ihre Anzahl nach dem Maasse der Entfernung
von dieser Fläche zerstreuter erscheinen; die Cometen aber,
die alle Gegenden ohne Unterscheid einnehmen, werden das
Feld des Himmels von beyden Seiten bedecken.

Die Gestalt des Himmels der Fixsterne hat also keine andere Ursache, als eben eine dergleichen systematische Verfassung im Grossen, als der planetische Weltbau im Kleinen
hat, indem alle Sonnen ein System ausmachen, dessen allgemeine Beziehungsfläche die Milchstrasse ist; die sich am
wenigsten auf diese Fläche beziehende, werden zur Seite gesehen, sie sind aber eben deswegen weniger gehäufet, [9] weit
zerstreuter und seltener. Es sind so zu sagen die Cometen
unter den Sonnen.

Dieser neue Lehrbegriff aber legt den Sonnen eine fort-
rückende Bewegung bey, und jedermann erkennet sie doch als
unbewegt, und von Anbeginn her an ihre Oerter geheftet.

Die Benennung, die die Fixsterne davon erhalten haben, scheinet durch die Beobachtung aller Jahrhunderte bestätigt und ungezweifelt zu seyn. Diese Schwierigkeit würde das vorgetragene Lehrgebäude vernichten, wenn sie gegründet wäre. Allein allem Ansehen nach ist dieser Mangel der Bewegung nur etwas scheinbares. Es ist entweder nur eine ausnehmende Langsamkeit, die von der grossen Entfernung von dem gemeinen Mittelpunkte ihres Umlaufs, oder eine Unmerklichkeit, die durch den Abstand von dem Orte der Beobachtung veranlasset wird. Lasset uns die Wahrscheinlichkeit dieses Begriffes durch die Ausrechnung der Bewegung schätzen, die ein unserer Sonne naher Fixstern haben würde, wenn wir setzten, dass unsere Sonne der Mittelpunkt seines Kreises wäre. Wenn seine Weite nach dem Huygen über 21000mal grösser, als der Abstand der Sonne von der Erde angenommen wird; so ist nach dem ausgemachten Gesetze der Umlaufszeiten, die im Verhältniss der Quadratwurzel aus dem Würfel der Entfernungen vom Mittelpunkte stehen, die Zeit, die er anwenden müste, seinen Zirkel um die Sonne einmal zu durchlaufen, von mehr als anderthalb Millionen Jahre, und dieses würde [10] in 4000 Jahren eine Verrückung seines Orts nur um einen Grad setzen [2]). Da nun nur vielleicht sehr wenige Fixsterne der Sonne so nahe sind, als Huygen den Sirius ihr zu seyn gemuthmasset hat, da die Entfernung des übrigen Himmelsheeres des letzteren seine vielleicht ungemein übertrift, und also zu solcher periodischen Umwendung ungleich längere Zeiten erfordern würde, überdem auch wahrscheinlicher ist, dass die Bewegung der Sonnen des Sternenhimmels um einen gemeinschaftlichen Mittelpunkt gehe, dessen Abstand ungemein gross, und die Fortrückung der Sterne daher überaus langsam seyn kan: so lässt sich hieraus mit Wahrscheinlichkeit abnehmen, dass alle Zeit, seit der man Beobachtungen am Himmel angestellet hat, vielleicht noch nicht hinlänglich sey, die Veränderung, die in ihren Stellungen vorgegangen, zu bemerken. Man darf indessen noch nicht die Hoffnung aufgeben, auch diese mit der Zeit zu entdecken. Es werden subtile und sorgfältige Aufmerker, imgleichen eine Vergleichung weit von einander abstehender Beobachtungen dazu erfordert. Man müsste diese Beobachtungen vornemlich auf die Sterne der Milchstrasse richten *), welche der Hauptplan

---

*) Imgleichen auf diejenige Haufen von Sternen, deren viele

aller Bewegung ist. Herr Bradley hat beinahe [11] unmerkliche Fortrückungen der Sterne beobachtet. Die Alten haben Sterne an gewissen Stellen des Himmels gemerket, und wir sehen neue an andern. Wer weiss, waren es nicht die vorigen, die nur den Ort geändert haben. Die Vortreflichkeit der Werkzeuge und die Vollkommenheit der Sternenwissenschaft machen uns gegründete Hoffnung zu Entdeckung so sonderbarer Merkwürdigkeiten*). Die Glaubwürdigkeit der Sache selber aus den Gründen der Natur und der Analogie unterstützen diese Hoffnung so gut, dass sie die Aufmerksamkeit der Naturforscher reizen können, sie in Erfüllung zu bringen.

Die Milchstrasse ist, so zu sagen, auch der Thierkreis neuer Sterne, welche fast in keiner andern Himmelsgegend, als in dieser, wechselsweise sich sehen lassen und verschwinden. Wenn diese Abwechselung ihrer Sichtbarkeit von ihrer periodischen Entfernung und Annäherung zu uns herrühret, so scheinet wohl aus der angeführten systematischen Verfassung der Gestirne, dass ein solches Phänomenon mehrentheils nur in dem Bezirk der Milchstrasse müsse gesehen werden. Denn da es Sterne sind, die in sehr ablangen Kreisen um andere Fixsterne [12] als Trabanten um ihre Hauptplaneten laufen, so erfordert es die Analogie mit unserm planetischen Weltbau, in welchem nur die dem gemeinen Plane der Bewegungen nahe Himmelskörper um sich laufende Begleiter haben, dass auch nur die Sterne, die in der Milchstrasse sind, um sich laufende Sonnen haben werden.

Ich komme zu demjenigen Theile des vorgetragenen Lehrbegriffs, der ihn durch die erhabene Vorstellung, welche er von dem Plane der Schöpfung darstellet, am meisten reizend macht. Die Reihe der Gedanken, die mich darauf geleitet haben, ist kurz und ungekünstelt; sie bestehet in folgendem. Wenn ein System von Fixsternen, welche in ihren Lagen sich auf eine gemeinschaftliche Fläche beziehen, so wie wir die Milchstrasse entworfen haben, so weit von uns entfernet ist,

---

in einem kleinen Raume bey einander seyn, als z. E. das Siebengestirn, welche vielleicht unter sich ein kleines System in dem Grössern ausmachen.

*) de la Hire bemerket in den Memoires der Academie zu Paris vom Jahr 1693, er habe sowohl aus eigenen Beobachtungen, als auch aus Vergleichung derselben mit des Ricciolus seinen eine starke Aenderung in den Stellungen der Sterne des Siebengestirns wahrgenommen.

dass alle Kenntlichkeit der einzelnen Sterne, daraus es bestehet, so gar dem Sehrohre nicht mehr empfindlich ist: wenn
seine Entfernung zu der Entfernung der Sterne der Milchstrasse eben das Verhältniss, als diese zum Abstande der Sonne
von uns hat; kurz, wenn eine solche Welt von Fixsternen in
einem so unermesslichen Abstande von dem Auge des Beobachters, das sich ausserhalb derselben befindet, angeschauet
wird, so wird dieselbe unter einem kleinen Winkel als ein mit
schwachem Lichte erleuchtetes Räumchen erscheinen, dessen
Figur zirkelrund seyn wird, wenn seine Fläche sich dem Auge
gerade zu darbietet und elliptisch, wenn es von der Seite gesehen wird. Die [13] Schwäche des Lichts, die Figur und
die kennbare Grösse des Durchmessers werden ein solches
Phänomenon, wenn es vorhanden ist, von allen Sternen, die
einzeln gesehen werden, gar deutlich unterscheiden.

Man darf sich unter den Beobachtungen der Sternkundigen
nicht lange nach dieser Erscheinung umsehen. Sie ist von
unterschiedlichen Beobachtern deutlich wahrgenommen worden.
Man hat sich über ihre Seltsamkeit verwundert; man hat gemuthmasset und bisweilen wunderlichen Einbildungen, bisweilen scheinbaren Begriffen, die aber doch eben so unge-
gründet, als die erstern waren, Platz gegeben. Die neblichten
Sterne sind es, welche wir meynen, oder vielmehr eine Gattung
derselben, die der Herr von Maupertuis so beschreibet*):
Dass es kleine, etwas mehr als das Finstere des leeren
Himmelsraums erleuchtete Plätzchen seyn, die alle
darinn überein kommen, dass sie mehr oder weniger
offene Ellipsen vorstellen, aber deren Licht weit
schwächer ist, als irgend ein anderes, das man am
Himmel gewahr wird. Der Verfasser der Astrotheologie bildete sich ein, dass es Oefnungen im Firmamente wären, durch
welche er den Feuerhimmel zu sehen glaubte. Ein Philosoph
von erleuchteteren Einsichten, der schon angeführte Herr
von Maupertuis, hält sie in Betrachtung ihrer Figur und kenn-
baren Durchmessers vor erstaunlich [14] grosse Himmelskörper,
die durch ihre von dem Drehungsschwunge verursachte grosse
Abplattung von der Seite gesehen, elliptische Gestalten darstellen.

Man wird leicht überführt, dass diese letztere Erklärung
gleichfalls nicht statt finden könne. Weil diese Art von neblichten Sternen ausser Zweifel zum wenigsten eben so weit

---

*) Abhandlung von der Figur der Sterne.

als die übrigen Fixsterne von uns entfernet seyn muss; so
wäre nicht allein ihre Grösse erstaunlich, nach welcher sie
auch die grössesten Sterne viele tausendmal übertreffen müsten,
sondern das wäre am allerseltsamsten, dass sie bei dieser
ausserordentlichen Grösse, da es selbstleuchtende Körper und
Sonnen seyn, das allerstumpfste und schwächste Licht an sich
zeigen sollten.

Weit natürlicher und begreiflicher ist es, dass es nicht
einzelne so grosse Sterne, sondern Systemata von vielen seyn,
deren Entfernung sie in einem so engen Raume darstellet,
dass das Licht, welches von jedem derselben einzeln unmerk-
lich ist, bey ihrer unermesslichen Menge in einen einförmigten
blassen Schimmer ausschlägt. Die Analogie mit dem Sternen-
system, darinn wir uns befinden, ihre Gestalt, welche gerade
so ist, als sie es nach unserem Lehrbegriffe seyn muss, die
Schwäche des Lichts, die eine vorausgesetzte unendliche Entfernung erfordert. Alles stimmet vollkommen überein, diese
elliptische Figuren vor eben dergleichen [15] Weltordnungen,
und so zu reden, Milchstrassen zu halten, deren Verfassung
wir eben entwickelt haben; und wenn Muthmassungen in denen
Analogie und Beobachtung vollkommen übereinstimmen, einander zu unterstützen, eben dieselbe Würdigkeit haben als
förmliche Beweise, so wird man die Gewissheit dieser Systemen
vor ausgemacht halten müssen.

Nunmehro hat die Aufmerksamkeit der Beobachter des
Himmels, Bewegungsgründe genug, sich mit diesem Vorwurfe
zu beschäftigen. Die Fixsterne, wie wir wissen, beziehen sich
alle auf einen gemeinschaftlichen Plan, und machen dadurch
ein zusammengeordnetes Ganze, welches eine Welt von Welten
ist. Man siehet, dass in unermesslichen Entfernungen es mehr
solcher Sternensystemen giebt, und dass die Schöpfung in
dem ganzen unendlichen Umfange ihrer Grösse allenthalben
systematisch und auf einander beziehend ist.

Man könnte noch muthmassen, dass eben diese höhere
Weltordnungen nicht ohne Beziehung gegen einander seyn,
und durch dieses gegenseitige Verhältniss wiederum ein noch
unermesslicheres System ausmachen. In der That siehet man,
dass die elliptische Figuren diese Arten neblichter Sterne,
welche der Herr von Maupertuis anführet, eine sehr nahe Beziehung auf den Plan der Milchstrasse haben. [16] Es stehet
hier ein weites Feld zu Entdeckungen offen, wozu die Beobachtung den Schlüssel geben muss [3]). Die eigentlich so genannten

neblichten Sterne, und die, über welche man strittig ist, sie
so zu benennen, müsten nach Anleitung dieses Lehrbegriffs
untersucht und geprüft werden. Wenn man die Theile der
Natur nach Absichten und einem entdeckten Entwurfe betrachtet, so eröfnen sich gewisse Eigenschaften, die sonst
übersehen werden und verborgen bleiben, wenn sich die
Beobachtung ohne Anleitung auf alle Gegenstände zerstreuet.
Der Lehrbegriff, den wir vorgetragen haben, eröfnet uns
eine Aussicht in das unendliche Feld der Schöpfung, und
bietet eine Vorstellung von dem Werke GOttes dar, die der
Unendlichkeit des grossen Werkmeisters gemäss ist. Wenn
die Grösse eines planetischen Weltbaues, darinn die Erde als
ein Sandkorn kaum bemerket wird, den Verstand in Ver-
wunderung setzt, mit welchem Erstaunen wird man entzücket,
wenn man die unendliche Menge Welten und Systemen ansiehet, die den Innbegriff der Milchstrasse erfüllen; allein wie
vermehrt sich dieses Erstaunen, wenn man gewahr wird, dass
alle diese unermessliche Sternordnungen wiederum die Einheit
von einer Zahl machen, deren Ende wir nicht wissen, und
die vielleicht eben so wie jene unbegreiflich gross, und doch
wiederum noch die Einheit einer neuen Zahlverbindung ist.
Wir sehen die ersten Glieder einer fortschreitenden Verhältniss
von [17] Welten und Systemen, und der erste Theil dieser unendlichen Progression giebt schon zu erkennen, was man
von dem Ganzen vermuthen soll. Es ist hie kein Ende, sondern ein Abgrund einer wahren Unermesslichkeit, worinn alle
Fähigkeit der menschlichen Begriffe sinket, wenn sie gleich
durch die Hülfe der Zahlwissenschaft erhoben wird. Die
Weisheit, die Güte, die Macht, die sich offenbaret hat, ist
unendlich, und in eben der Maasse fruchtbar und geschäftig;
der Plan ihrer Offenbarung muss daher eben wie sie unendlich und ohne Grenzen seyn.

Es sind aber nicht allein im Grossen wichtige Entdeckungen
zu machen, die den Begriff zu erweitern dienen, den man sich
von der Grösse der Schöpfung machen kann. Im Kleinern
ist nicht weniger unentdeckt, und wir sehen sogar in unserer
Sonnenwelt die Glieder eines Systems, die unermesslich weit
von einander abstehen, und zwischen welchen man die Zwischen-
theile noch nicht entdecket hat. Sollte zwischen dem Saturn,
dem äussersten unter den Wandelsternen, die wir kennen,
und dem am wenigsten eccentrischen Cometen, der vielleicht
von einer 10 und mehrmal entlegenern Entfernung zu uns

herabsteigt, kein Planet mehr seyn, dessen Bewegung der
cometischen näher als jener käme? und solten nicht noch
andere mehr durch eine Annäherung ihrer Bestimmungen, vermittelst einer Reihe von Zwischengliedern, die Planeten nach
und nach in Cometen verwandeln, und [18] die letztere Gattung
mit der erstern zusammenhängen?

Das Gesetz, nach welchem die Eccentricität der Planetenkreise sich in Gegenhaltung ihres Abstandes von der Sonne
verhält, unterstützt diese Vermuthung. Die Eccentricität in
den Bewegungen der Planeten nimmt mit derselben Abstande
von der Sonne zu, und die entfernten Planeten kommen dadurch der Bestimmung der Cometen näher. Es ist also zu
vermuthen, dass es noch andere Planeten über dem Saturn
geben wird, welche noch eccentrischer, und dadurch also jenen
noch näher verwandt, vermittelst einer beständigen Leiter die
Planeten endlich zu Cometen machen. Die Eccentricität ist
bey der Venus $\frac{1}{126}$ von der halben Achse ihres elliptischen
Kreises; bey der Erde $\frac{1}{58}$, beym Jupiter $\frac{1}{20}$, und beym Saturn
$\frac{1}{17}$ derselben; sie nimmt also augenscheinlich mit den Entfernungen zu. Es ist wahr, Merkur und Mars nehmen sich
durch ihre viel grössere Eccentricität, als das Maass ihres
Abstandes von der Sonne es erlaubet, von diesem Gesetze
aus; aber wir werden im folgenden belehret werden, dass eben
dieselbe Ursachen, weswegen einigen Planeten bey ihrer Bildung eine kleinere Masse zu Theil worden, auch die Ermange-
lung des zum Cirkellaufe erforderlichen Schwunges, folglich
die Eccentricität nach sich gezogen, folglich sie in beyden
Stücken unvollständig gelassen hat[4]).

[19] Ist es diesem zu folge nicht wahrscheinlich: dass die
Abnahme der Eccentricität der über dem Saturn zunächst befindlichen Himmelskörper ohngefehr eben so gemässigt, als in
den untern sey, und dass die Planeten durch minder plötz-
liche Abfälle mit dem Geschlechte der Cometen verwandt seyn;
denn es ist gewiss, dass eben diese Eccentricität den wesentlichen Unterschied zwischen den Cometen und Planeten macht,
und die Schweife und Dunstkugeln derselben nur deren Folge
seyn[5]); imgleichen, dass eben die Ursache, welche es auch
immerhin seyn mag, die den Himmelskörpern ihre Kreisbewegungen ertheilet hat, bey grössern Entfernungen nicht
allein schwächer gewesen, den Drehungsschwung der Senkungskraft gleich zu machen, und dadurch die Bewegungen eccentrisch gelassen hat, sondern auch eben deswegen weniger

vermögend gewesen, die Kreise dieser Kugeln auf eine gemeinschaftliche Fläche, auf welcher sich die untern bewegen, zu
bringen, und dadurch die Ausschweifung der Cometen nach
allen Gegenden veranlasset hat.

Man würde nach dieser Vermuthung noch vielleicht die
Entdeckung neuer Planeten über den Saturn zu hoffen haben,
die eccentrischer als dieser, und also der cometischen Eigenschaft näher seyn würden; aber eben daher würde man sie
nur eine kurze Zeit, nemlich in der Zeit ihrer Sonnennähe,
erblicken können, welcher Umstand zusammt dem geringen
Maasse der Annäherung und [20] der Schwäche des Lichts
die Entdeckung desselben bisher verhindert haben, und auch
aufs künftige schwer machen müssen. Der letzte Planet und
erste Comet würde, wenn es so beliebte, derjenige können
genannt werden, dessen Eccentricität so gross wäre, dass er
in seiner Sonnennähe den Kreis des ihm nächsten Planeten,
vielleicht also des Saturns, durchschnitte.

Allgemeine

Naturgeschichte und Theorie des Himmels.

Zweyter Theil,

von dem

ersten Zustande der Natur, der Bildung der Himmelskörper,
den Ursachen ihrer Bewegung, und der systematischen
Beziehung derselben, sowol in dem Planetengebäude
insonderheit, als auch in Ansehung der ganzen
Schöpfung.

Schau sich die bildende Natur zu ihrem grossen Zweck
bewegen,
Ein jedes Sonnenstäubchen sich zu einem andern
Stäubchen regen,
Ein jedes, das gezogen wird, das andere wieder an
sich ziehn,
Das nächste wieder zu umfassen, es zu formiren sich
bemühn.
Beschaue die Materie auf tausend Art und Weise sich
Zum allgemeinen Centro drängen.   P o p e.

[22. 23]   Erstes Hauptstück,

von dem

**Ursprunge des planetischen Weltbaues überhaupt,
und den Ursachen ihrer Bewegungen.**

Die Betrachtung des Weltbaues zeiget in Ansehung der
gewechselten Beziehungen, die seine Theile unter einander
haben, und wodurch sie die Ursache bezeichnen, von der sie
herstammen, zwo Seiten, welche beyde gleich wahrscheinlich
und annehmungswürdig seyn. Wenn man eines Theils [24]
erweget: dass 6 Planeten mit 9 Begleitern, die um die Sonne,
als ihren Mittelpunkt, Kreise beschreiben, alle nach einer
Seite sich bewegen, und zwar nach derjenigen, nach welcher
sich die Sonne selber drehet, welche ihrer alle Umläufe durch

die Kraft der Anziehung regieret, dass ihre Kreise nicht weit
von einer gemeinen Fläche abweichen, nemlich von der ver-
längerten Aeqvatorsfläche der Sonnen, dass bey den entferntesten der zur Sonnenwelt gehörigen Himmelskörper, wo die
gemeine Ursache der Bewegung dem Vermuthen nach nicht
so kräftig gewesen, als in der Naheit zum Mittelpuncte Abweichungen von der Genauheit dieser Bestimmungen Statt gefunden, die mit dem Mangel der eingedruckten Bewegung ein
genugsames Verhältniss haben, wenn man, sage ich, allen
diesen Zusammenhang erweget: so wird man bewogen, zu
glauben, dass eine Ursache, welche es auch sey, einen durchgängigen Einfluss in dem ganzen Raume des Systems gehabt
hat, und dass die Einträchtigkeit in der Richtung und Stellung
der planetischen Kreise eine Folge der Uebereinstimmung sey,
die sie alle mit derjenigen materialischen Ursache gehabt
haben müssen, dadurch sie in Bewegung gesetzet worden[6]).
     Wenn wir andern Theils den Raum erwegen, in dem die
Planeten unsers Systems herum laufen, so ist er vollkommen
leer*) und aller Materie [25] beraubt, die eine Gemeinschaft
des Einflusses auf diese Himmelskörper verursachen, und die
Uebereinstimmung unter ihren Bewegungen nach sich ziehen
könnte. Dieser Umstand ist mit vollkommener Gewissheit
ausgemacht, und übertrifft noch, wo möglich, die vorige
Wahrscheinlichkeit. Newton, durch diesen Grund bewogen,
konnte keine materialische Ursache verstatten, die durch ihre
Erstreckung in dem Raume des Planetengebäudes die Gemeinschaft der Bewegungen unterhalten sollte. Er behauptete,
die unmittelbare Hand GOttes habe diese Anordnung ohne
die Anwendung der Kräfte der Natur ausgerichtet.
     Man siehet bey unpartheyischer Erwegung: dass die Gründe
hier von beyden Seiten gleich stark und beyde einer völligen
Gewissheit gleich zu schätzen seyn. Es ist aber eben so klar,
dass ein Begriff seyn müsse, in welchem diese dem Scheine
nach wider einander streitende Gründe vereiniget werden
können und sollen, und dass in diesem Begriffe das wahre
System zu suchen sey. Wir wollen ihn mit kurzen Worten

---

*) Ich untersuche hier nicht, ob dieser Raum in dem aller-
eigentlichsten Verstande könne leer genannt werden. Denn allhier
ist genug zu bemerken, dass alle Materie, die etwa in diesem Raume
anzutreffen seyn möchte, viel zu unvermögend sey, als dass sie in
Ansehung der bewegten Massen, von denen die Frage ist, einige
Wirkung verüben könnte.

anzeigen. In der jetzigen Verfassung des Raumes, darin die
Kugeln der ganzen Planetenwelt umlaufen, ist keine materialische Ursache [26] vorhanden, die ihre Bewegungen eindrücken
oder richten könnte. Dieser Raum ist vollkommen leer, oder
wenigstens so gut als leer; also muss er ehemals anders beschaffen und mit genugsam vermögender Materie erfüllet gewesen seyn, die Bewegung auf alle darinn befindliche Himmelskörper zu übertragen, und sie mit der ihrigen, folglich alle
unter einander einstimmig zu machen, und nachdem die Anziehung besagte Räume gereinigt und alle ausgebreitete Materie
in besondere Klumpen versammlet; so müssen die Planeten
nunmehro mit der einmal eingedrückten Bewegung ihre Umläufe in einem nicht widerstehenden Raume frey und unverändert fortsetzen. Die Gründe der zuerst angeführten Wahrscheinlichkeit erfordern durchaus diesen Begriff, und weil
zwischen beyden Fällen kein dritter möglich ist; so kann
dieser mit einer vorzüglichen Art des Beyfalles, welcher ihn
über die Scheinbarkeit einer Hypothese erhebet, angesehen
werden. Man könnte, wenn man weitläuftig seyn wollte,
durch eine Reihe aus einander gefolgerter Schlüsse, nach der
Art einer mathematischen Methode, mit allem Gepränge, den
diese mit sich führet und noch mit grösserm Schein, als ihr
Aufzug in physischen Materien gemeinhin zu seyn pfleget,
endlich auf den Entwurf selber kommen, den ich von dem
Ursprunge des Weltgebäudes darlegen werde; allein ich will
meine Meinungen lieber in der Gestalt einer Hypothese vor-
tragen, und der Einsicht des Lesers es überlassen, ihre
Würdigkeit zu prüfen, als durch den Schein einer erschlichenen
[27] Ueberführung ihre Gültigkeit verdächtig machen, und indem ich die Unwissenden einnehme, den Beyfall der Kenner
verlieren.

Ich nehme an: dass alle Materien, daraus die Kugeln, die
zu unserer Sonnenwelt gehören, alle Planeten und Cometen
bestehen, im Anfange aller Dinge in ihren elementarischen
Grundstoff aufgelöset, den ganzen Raum des Weltgebäudes
erfüllet haben, darinn jetzo diese gebildete Körper herumlaufen.
Dieser Zustand der Natur, wenn man ihn, auch ohne Absicht
auf ein System, an und vor sich selbst betrachtet, scheinet
nur der einfachste zu seyn, der auf das Nichts folgen kann.
Damals hatte sich noch nichts gebildet. Die Zusammensetzung von einander abstehender Himmelskörper, ihre nach
den Anziehungen gemässigte Entfernung; ihre Gestalt, die aus

dem Gleichgewichte der versammleten Materie entspringet, sind ein späterer Zustand. Die Natur, die unmittelbar mit der Schöpfung gränzete, war so roh, so ungebildet als möglich. Allein auch in den wesentlichen Eigenschaften der Elemente, die das Chaos ausmachen, ist das Merkmal derjenigen Vollkommenheit zu spüren, die sie von ihrem Ursprunge her haben, indem ihr Wesen aus der ewigen Idee des göttlichen Verstandes eine Folge ist. Die einfachsten, die allgemeinsten Eigenschaften, die ohne Absicht scheinen entworfen zu seyn; die Materie, die bloss leidend und der Formen und Anstalten bedürftig zu seyn scheinet, hat in ihrem einfachsten [28] Zustande eine Bestrebung, sich durch eine natürliche Entwickelung zu einer vollkommenern Verfassung zu bilden. Allein die Verschiedenheit in den Gattungen der Elemente träget zu der Regung der Natur und zur Bildung des Chaos das vornehmste bey, als wodurch die Ruhe, die bey einer allgemeinen Gleichheit unter den zerstreuten Elementen herrschen würde, gehoben, und das Chaos in den Punkten der stärker anziehenden Partikeln sich zu bilden anfängt. Die Gattungen dieses Grundstoffes sind ohne Zweifel, nach der Unermesslichkeit, die die Natur an allen Seiten zeigt, unendlich verschieden. Die von gröster specifischen Dichtigkeit und Anziehungskraft, welche an und vor sich weniger Raum einnehmen und auch seltener seyn, werden daher bey der gleichen Austheilung in dem Raume der Welt zerstreuter, als die leichtern Arten seyn. Elemente von 1000 mal grösserer specifischen Schwere sind tausend, vielleicht auch Millionenmal zerstreuter, als die in diesem Maasse leichtern. Und da diese Abfälle so unendlich als möglich müssen gedacht werden, so wird, gleichwie es körperliche Bestandtheile von einer Gattung geben kan, die eine andere in dem Maasse an Dichtigkeit übertrifft, als eine Kugel, die mit dem Radius des Planetengebäudes beschrieben worden, eine andere, die den tausendsten Theil einer Linie im Durchmesser hat, also auch jene Art von zerstreuten Elementen um einen so viel grössern Abstand von einander entfernet seyn, als diese.

[29] Bey einem auf solche Weise erfüllten Raume dauert die allgemeine Ruhe nur einen Augenblick. Die Elemente haben wesentliche Kräfte, einander in Bewegung zu setzen, und sind sich selber eine Qvelle des Lebens. Die Materie ist sofort in Bestrebung, sich zu bilden. Die zerstreuten Elemente dichterer Art sammeln, vermittelst der Anziehung,

aus einer Sphäre rund um sich alle Materie von minder
specifischer Schwere; sie selber aber, zusamt der Materie, die
sie mit sich vereinigt haben, sammlen sich in den Puncten,
da die Theilchen von noch dichterer Gattung befindlich seyn,
diese gleichergestalt zu noch dichteren und so fortan. Indem
man also dieser sich bildenden Natur in Gedanken durch den
ganzen Raum des Chaos nachgehet, so wird man leichtlich
inne: dass alle Folgen dieser Wirkung zuletzt in der Zusammensetzung verschiedener Klumpen bestehen würde, die
nach Verrichtung ihrer Bildungen durch die Gleichheit der
Anziehung ruhig und auf immer unbewegt seyn würden.

Allein die Natur hat noch andere Kräfte im Vorrath,
welche sich vornemlich äussern, wenn die Materie in feine
Theilchen aufgelöset ist, als wodurch selbige einander zurück
stossen und durch ihren Streit mit der Anziehung diejenige
Bewegung hervor bringen, die gleichsam ein dauerhaftes Leben
der Natur ist. Durch diese Zurückstossungskraft, die sich in
der Elasticität der Dünste, dem Ausflusse starkriechender
Körper und der Ausbreitung aller geistigen Materien offenbaret, und die ein unstreitiges [30] Phänomenon der Natur
ist, werden die zu ihren Anziehungspunkten sinkende Elemente
durcheinander von der geradlinichten Bewegung seitwärts ge-
lenket, und der senkrechte Fall schlägt in Kreisbewegungen
aus, die den Mittelpunkt der Senkung umfassen. Wir wollen,
um die Bildung des Weltbaues deutlich zu begreifen, unsere
Betrachtung von dem unendlichen Inbegriffe der Natur auf ein
besonderes System einschränken, so wie dieses zu unserer
Sonne gehörige ist. Nachdem wir die Erzeugung desselben
erwogen haben, so werden wir auf eine ähnliche Weise zu
dem Ursprunge der höhern Weltordnungen fortschreiten, und
die Unendlichkeit der ganzen Schöpfung in einem Lehrbegriffe
zusammen fassen können.

Wenn demnach ein Punkt in einem sehr grossen Raume
befindlich ist, wo die Anziehung der daselbst befindlichen
Elemente stärker als allenthalben um sich wirket; so wird
der in dem ganzen Umfange ausgebreitete Grundstoff ele-
mentarischer Partikeln sich zu diesem hinsenken. Die erste
Wirkung dieser allgemeinen Senkung ist die Bildung eines
Körpers in diesem Mittelpunkte der Attraction, welcher so zu
sagen von einem unendlich kleinen Keime, in schnellen
Graden fortwächset, aber in eben der Maasse, als diese Masse
sich vermehret, auch mit stärkerer Kraft die umgebenden

Theile zu seiner Vereinigung beweget. Wenn die Masse dieses
Centralkörpers so weit angewachsen ist, dass die Geschwindigkeit, womit er die Theilchen von grossen [31] Entfernungen
zu sich zieht, durch die schwachen Grade der Zurückstossung,
womit selbige einander hindern, seitwärts gebeuget in Seitenbewegungen ausschläget, die den Centralkörper, vermittelst der
Centerfliehkraft, in einem Kreise zu umfassen im Stande seyn:
so erzeugen sie grosse Wirbel[7]) von Theilchen, deren jedes vor
sich krumme Linien durch die Zusammensetzung der anziehenden und der seitwärts gelenkten Umwendungskraft beschreibet; welche Art von Kreisen alle einander durchschneiden, wozu
ihnen ihre grosse Zerstreuung in diesem Raume Platz lässt.
Indessen sind diese auf mancherley Art unter einander streitende Bewegungen natürlicher Weise bestrebt, einander zur
Gleichheit zu bringen, das ist, in einen Zustand, da eine Bewegung der andern so wenig als möglich hinderlich ist. Dieses
geschiehet erstlich, indem die Theilchen, eines des andern Bewegung so lange einschränken, bis alle nach einer Richtung
fortgehen[8]); zweytens, dass die Partikeln ihre Vertikalbewegung,
vermittelst der sie sich dem Centro der Attraction nähern, so
lange einschränken, bis sie alle horizontal, d. i. in parallel
laufenden Zirkeln um die Sonne als ihren Mittelpunkt beweget,
einander nicht mehr durchkreutzen, und durch die Gleichheit
der Schwungskraft mit der senkenden sich in freyen Zirkel-
läufen in der Höhe, da sie schweben, immer erhalten; so dass
endlich nur diejenige Theilchen in dem Umfange des Raumes
schweben bleiben, die durch ihr Fallen eine Geschwindigkeit,
und durch die Widerstehung der andern eine Richtung bekommen [32] haben, dadurch sie eine freye Zirkelbewegung
fortsetzen können. In diesem Zustande, da alle Theilchen nach
einer Richtung und in parallellauffenden Kreisen, nemlich in
freyen Zirkelbewegungen durch die erlangte Schwungskräfte
um den Centralkörper laufen, ist der Streit und der Zusammenlauf der Elemente gehoben, und alles ist in dem Zustande der
kleinsten Wechselwirkung. Dieses ist die natürliche Folge,
darein sich allemal eine Materie, die in streitenden Bewegungen
begriffen ist, versetzet. Es ist also klar, dass von der zerstreuten Menge der Partikeln eine grosse Menge durch den
Widerstand, dadurch sie einander auf diesen Zustand zu bringen
suchen, zu solcher Genauigkeit der Bestimmungen gelangen
muss; obgleich eine noch viel grössere Menge dazu nicht gelanget, und nur dazu dienet, den Klumpen des Centralkörpers

zu vermehren, in welchen sie sinken, indem sie sich nicht in
der Höhe, darinn sie schweben, frey erhalten können, sondern
die Kreise der untern durchkreutzen und endlich durch deren
Widerstand alle Bewegung verlieren. Dieser Körper in dem
Mittelpunkte der Attraction, der diesem zufolge das Hauptstück
des planetischen Gebäudes durch die Menge seiner versammleten
Materie worden ist, ist die Sonne, ob sie gleich diejenige
flammende Gluth alsdenn noch nicht hat, die nach völlig vollendeter Bildung auf ihrer Oberfläche hervor bricht.

Noch ist zu bemerken: dass, indem also alle Elemente der
sich bildenden Natur, wie erwiesen, [33] nach einer Richtung
um den Mittelpunkt der Sonne sich bewegen, bey solchen nach
einer einzigen Gegend gerichteten Umläufen, die gleichsam
auf einer gemeinschaftlichen Achse geschehen, die Drehung
der feinen Materie in dieser Art nicht bestehen kann; weil
nach den Gesetzen der Centralbewegung alle Umläufe mit dem
Plan ihrer Kreise den Mittelpunkt der Attraction durchschneiden
müssen; unter allen diesen aber um eine gemeinschaftliche
Achse, nach einer Richtung laufenden Zirkeln nur ein einziger
ist, der den Mittelpunkt der Sonne durchschneidet, daher alle
Materie von beyden Seiten dieser in Gedanken gezogenen
Achse nach demjenigen Cirkel hineilet, der durch die Achse
der Drehung gerade in dem Mittelpunkte der gemeinschaftlichen Senkung gehet[9]). Welcher Zirkel der Plan der Beziehung
aller herumschwebenden Elemente ist, um welchen sie sich so
sehr als möglich häufen, und dagegen die von dieser Fläche
entferneten Gegenden leer lassen; denn diejenigen, welche
dieser Fläche, zu welcher sich alles dränget, nicht so nahe
kommen können, werden sich in den Oertern, wo sie schweben,
nicht immer erhalten können, sondern, indem sie an die herumschwebenden Elemente stossen, ihren endlichen Fall zu der
Sonne veranlassen.

Wenn man also diesen herumschwebenden Grundstoff der
Weltmaterie in solchem Zustande, darinn er sich selbst durch
die Anziehung und durch einen mechanischen Erfolg der allgemeinen Gesetze des Widerstandes versetzet, erweget; so sehen
wir [34] einen Raum, der zwischen zwey nicht weit von einander abstehenden Flächen, in dessen Mitte der allgemeine
Plan der Beziehung sich befindet, begriffen ist, von dem Mittelpunkte der Sonne an, in unbekannte Weiten ausgebreitet, in
welchem alle begriffene Theilchen, jegliche nach Maassgebung
ihrer Höhe und der Attraction, die daselbst herrschet, abge-

messene Zirkelbewegungen in freyen Umläufen verrichten, und
daher, indem sie bey solcher Verfassung einander so wenig
als möglich mehr hindern, darinn immer verbleiben würden,
wenn die Anziehung dieser Theilchen des Grundstoffes unter
einander nicht alsdenn anfienge, seine Wirkung zu thun und
neue Bildungen, die der Saame zu Planeten, welche entstehen
sollen, seyn, dadurch veranlassete. Denn, indem die um die
Sonne in parallelen Zirkeln bewegte Elemente, in nicht gar
zu grossem Unterschiede des Abstandes von der Sonne genommen, durch die Gleichheit der parallelen Bewegung, beynahe in respectiver Ruhe gegen einander seyn; so thut die
Anziehung der daselbst befindlichen Elemente, von übertreffen-
der specifischer Attraction, sogleich hier eine beträchtliche
Wirkung*), die Sammlung [35] der nächsten Partikeln zur
Bildung eines Körpers anzufangen, der, nach dem Maasse des
Anwuchses seines Klumpens, seine Anziehung weiter ausbreitet,
und die Elemente aus weitem Umfange zu seiner Zusammensetzung bewegt.

Die Bildung der Planeten, in diesem System, hat vor einem
jeden möglichen Lehrbegriffe dieses voraus: dass der Ursprung
der Massen zugleich den Ursprung der Bewegungen und die
Stellung der Kreise in eben demselben Zeitpuncte darstellet;
ja, dass sogar die Abweichungen von der grössesten Genauheit
in diesen Bestimmungen eben sowol, als die Uebereinstimmungen
selber, in einem Anblicke erhellen. Die Planeten bilden sich
aus den Theilchen, welche in der Höhe, da sie schweben, genaue
Bewegungen zu Zirkelkreisen haben: also werden die aus
ihnen zusammengesetzte Massen eben dieselbe Bewegungen, in eben dem Grade, nach eben derselben Richtung fortsetzen. Dieses ist genug, um einzusehen, woher die
Bewegung der Planeten ohngefehr cirkelförmig, und ihre Kreise
auf einer Fläche seyn. Sie würden auch ganz genaue Zirkel

---

*) Der Anfang der sich bildenden Planeten ist nicht allein in
der Newtonischen Anziehung zu suchen. Diese würde bey einem
Partikelchen, von so ausnehmender Feinigkeit, gar zu langsam und
schwach seyn. Man würde vielmehr sagen, dass in diesem Raume
die erste Bildung durch den Zusammenlauf einiger Elemente, die
sich durch die gewöhnlichen Gesetze des Zusammenhanges vereinigen, geschehe, bis derjenige Klumpen, der daraus entstanden,
nach und nach so weit angewachsen, dass die Newtonische Anziehungskraft an ihm vermögend [10]) geworden, ihn durch seine Wirkung
in die Ferne immer mehr zu vergrössern.

seyn *), wenn die [36] Weite, daraus sie die Elemente zu ihrer
Bildung versammlen, sehr klein, und also der Unterschied ihrer
Bewegungen sehr gering wäre.   Da aber dazu ein weiter Umfang gehöret, aus dem feinen Grundstoffe, der in dem Himmelsraum so sehr zerstreuet ist, einen dichten Klumpen eines
Planeten zu bilden; so ist der Unterschied der Entfernungen,
die diese Elemente von der Sonne haben, und mithin auch
der Unterschied ihrer Geschwindigkeiten nicht mehr gering-
schätzig, folglich würde nöthig seyn, dass, um bey diesem Unterschiede der Bewegungen dem Planeten die Gleichheit der Centralkräfte und die Zirkelgeschwindigkeit zu erhalten, die Theilchen, die aus verschiedenen Höhen mit verschiedenen Bewegungen
auf ihm zusammen kommen, eine den Mangel der andern
genau ersetzten, welches, ob es gleich in der That ziemlich
genau geschiehet **), dennoch, da an dieser vollkommenen
[37] Ersetzung etwas fehlet, den Abgang an der Zirkelbewegung und die Eccentricität nach sich ziehet.   Eben so leicht
erhellet, dass, obgleich die Kreise aller Planeten billig auf
einer Fläche seyn sollten, dennoch auch in diesem Stücke eine
kleine Abweichung anzutreffen ist, weil, wie schon erwehnet,
die elementarischen Theilchen, da sie sich dem allgemeinen
Bestehungsplane ihrer Bewegungen so nahe als möglich befinden, dennoch einigen Raum von beyden Seiten desselben
einschliessen; da es denn ein gar zu glückliches Ohngefehr
seyn würde, wenn gerade alle Planeten ganz genau in der
Mitte zwischen diesen zwey Seiten, in der Fläche der Beziehung, selber sich zu bilden anfangen sollten, welches denn

---

*) Diese abgemessene Cirkelbewegung betrifft eigentlich nur
die der Sonne nahen Planeten: denn von den grossen Entfernungen,
da sich die entlegensten Planeten oder auch die Cometen gebildet
haben, ist leicht zu vermuthen, dass, weil die sinkende Bewegung
des Grundstoffs daselbst viel schwächer, die Weitläufigkeit der
Räume, da sie zerstreuet seyn, auch grösser ist, die Elemente daselbst an und vor sich schon von der zirkelgleichen Bewegung abweichen, und dadurch die Ursache der daraus gebildeten Körper
seyn müssen.
**) Denn die Theilchen, von der zur Sonne nähern Gegend,
welche eine grössere Umlaufsgeschwindigkeit haben, als in dem
Orte, da sie auf dem Planeten sich versammlen, zur Cirkelbewegung
erfordert wird, ersetzen dasjenige, was denen von der Sonne entfernteren Theilchen, die sich eben demselben Körper einverleiben,
an Geschwindigkeit fehlt, um in dem Abstande des Planeten
zirkelförmig zu laufen.

schon einige Neigung ihrer Kreise gegen einander veranlasset, obschon die Bestrebung der Partikeln, von beyden Seiten diese Ausweichung so sehr als möglich einzuschränken, ihr nur enge Grenzen zulässet. Man darf sich also nicht wundern, auch hier die grösseste Genauheit der Bestimmungen so wenig, wie bey allen Dingen der Natur, anzutreffen, weil überhaupt die Vielheit der Umstände, die an jeglicher Naturbeschaffenheit Antheil nehmen, eine abgemessene Regelmässigkeit nicht verstattet [11]

---

[38] ## Zweytes Hauptstück,
von der
verschiedenen Dichtigkeit der Planeten, und dem Verhältnisse ihrer Massen.

Wir haben gezeiget, dass die Theilchen des elementarischen Grundstoffes, da sie an und vor sich in dem Weltraume gleich ausgetheilet waren, durch ihr Niedersinken zur Sonne, in den Orten schweben geblieben, wo ihre im Fallen erlangte Geschwindigkeit gerade die Gleichheit gegen die Anziehung leistete, und ihre Richtung so, wie sie bei der Zirkelbewegung seyn soll, senkrecht gegen den Zirkelstrahl gebeuget worden. Wenn wir nun aber Partikeln, von unterschiedlicher specifischer Dichtigkeit, in gleichem Abstande von der Sonne gedenken, so dringen die von grösserer specifischen Schwere tiefer, durch den Widerstand der andern zur Sonne hindurch, und werden nicht so bald von ihrem Wege abgebeuget, als die leichteren; daher ihre Bewegung nur in einer grösseren Annäherung zur Sonne zirkelförmigt wird. Dagegen werden die Elemente leichterer Art, eher von dem geradlinichten Falle abgebeuget, in Zirkelbewegungen ausschlagen, ehe sie so tief zu dem Centro hindurch gedrungen seyn, und also in grösseren Entfernungen schweben bleiben, auch durch den erfüllten Raum der Elemente nicht so tief hindurch dringen können, ohne [39] dass ihre Bewegung durch dieser ihren Widerstand geschwächet wird, und sie die grossen Grade der Geschwindigkeit, die zur Umwendung näher beym Mittelpunkte erfordert werden, nicht erlangen können; also werden, nach erlangter Gleichheit der Bewegungen, die specifisch leichtern Partikeln in weitern Entfernungen von der Sonne umlaufen, die schwereren aber in den näheren anzutreffen seyn, und die Planeten, die sich aus

ihnen bilden, werden daher dichterer Art seyn, welche sich
näher zur Sonne, als die sich weiter von ihr aus dem Zu-
sammenlaufe dieser Atomen formiren.

Es.ist also eine Art eines statischen Gesetzes, welches den
Materien des Weltraumes ihre Höhen, nach dem verkehrten
Verhältnisse der Dichtigkeit, bestimmet. Gleichwohl ist er eben
so leicht zu begreifen: dass nicht eben eine jegliche Höhe nur
Partikeln von gleicher specifischen Dichtigkeit einnehmen müsse.
Von denen Theilchen, von gewisser specifischen Gattung, bleiben
diejenigen in grössern Weiten von der Sonne schweben, und
erlangen die zur beständigen Zirkelbewegung erforderliche
Mässigung ihres Falles in weiterm Abstande, welche von grössern Entfernungen zu ihr herabgesunken; dagegen die, deren
ursprünglicher Ort, bey der allgemeinen Austheilung der Materien im Chaos, der Sonne näher war, ungeachtet ihrer nicht
grössern Dichtigkeit, näher zu dieser ihrem Zirkel des Umlaufs
kommen werden. Und da also die Oerter der Materien, in
Ansehung des Mittelpunkts ihrer [40] Senkung, nicht allein
durch die specifische Schwere derselben, sondern auch durch
ihre ursprünglichen Plätze, bei der ersten Ruhe der Natur
bestimmet werden: so ist leicht zu erachten, dass ihrer sehr
verschiedene Gattungen, in jedem Abstande von der Sonne,
zusammen kommen werden, um daselbst hängen zu bleiben,
dass überhaupt aber die dichtern Materien häufiger zu dem
Mittelpunkte hin, als weiter von ihm ab, werden angetroffen
werden; und dass also, ungeachtet die Planeten eine Mischung
sehr verschiedentlicher Materien seyn werden, dennoch überhaupt ihre Massen dichter seyn müssen, nach dem Maasse,
als sie der Sonne näher seyn, und minderer Dichtigkeit, nachdem ihr Abstand grösser ist.

Unser System zeiget in Ansehung dieses, unter den Planeten herrschenden Gesetzes ihrer Dichtigkeiten, eine vorzügliche Vollkommenheit vor allen denjenigen Begriffen, die man
sich von ihrer Ursache gemacht hat, oder noch machen könnte.
Newton, der die Dichtigkeit einiger Planeten durch Rechnung
bestimmet hatte, glaubte, die Ursache, ihres nach dem Abstande
eingerichteten Verhältnisses, in der Anständigkeit der Wahl
GOttes und in den Bewegungsgründen seines Endzwecks zu
finden; weil die der Sonne näheren Planeten mehr Hitze von
ihr aushalten müssen, und die entferntern, mit wenigern Graden
der Wärme sich behelfen sollen; welches nicht möglich zu seyn
scheinet, wenn die, der Sonne nahen Planeten, nicht dichterer

Art, [41] und die entferneteren von leichterer Materie zusammengesetzt wären. Allein die Unzulänglichkeit einer solchen Erklärung einzusehen, erfordert nicht eben viel Nachsinnen. Ein Planet, z. E. unsere Erde, ist aus sehr weit von einander unterschiedenen Gattungen Materie zusammen gesetzt; unter diesen war es nun nöthig, dass die leichteren, die durch die gleiche Wirkung der Sonne mehr durchdrungen und bewegt werden, deren Zusammensatz ein Verhältniss zu der Wärme hat, womit ihre Strahlen wirken, auf der Oberfläche ausgebreitet seyn mussten; allein dass die Mischung der übrigen Materien, im Ganzen des Klumpens, diese Beziehung haben müssen, erhellet hieraus gar nicht; weil die Sonne auf das innere der Planeten gar keine Wirkung thut. Newton befürchte, wenn die Erde bis zu der Nähe des Merkurs in den Strahlen der Sonne versenket würde, so dürfte sie wie ein Comet brennen, und ihre Materie nicht genugsame Feuerbeständigkeit haben, um durch diese Hitze nicht zerstreuet zu werden. Allein, um wie vielmehr müsste der Sonnen eigene Materie selber, welche doch 4 mal leichter, als die ist, daraus die Erde besteht, von dieser Gluth zerstöret werden; oder warum ist der Mond zweymal dichter, als die Erde, da er doch mit dieser in eben demselben Abstande von der Sonne schwebet [12]). Man kann also die proportionirten Dichtigkeiten nicht der Verhältniss zu der Sonnenwärme zuschreiben, ohne sich in die grösseste Widersprüche zu verwickeln. Man siehet vielmehr eine Ursache, die die Oerter der Planeten [42] nach der Dichtigkeit ihres Klumpens austheilet, müsse auf das innere ihrer Materie, und nicht auf ihre Oberfläche eine Beziehung gehabt haben; sie müsse, ohnerachtet dieser Folge, die sie bestimmete, doch eine Verschiedenheit der Materie in eben demselben Himmelskörper verstatten, und nur im Ganzen des Zusammensatzes dieses Verhältniss der Dichtigkeit fest setzen; welchem allen, ob irgend ein anderes statisches Gesetze, als wie das, so in unserer Lehrverfassung vorgetragen wird, ein Gnüge leisten könne, überlasse ich der Einsicht des Lesers, zu urtheilen.

Das Verhältniss unter den Dichtigkeiten der Planeten führet noch einen Umstand mit sich, der, durch eine völlige Uebereinstimmung mit der vorher entworfenen Erklärung, die Richtigkeit unseres Lehrbegriffes bewähret. Der Himmelskörper, der in dem Mittelpunkte anderer um ihn laufenden Kugeln stehet, ist gemeiniglich leichterer Art, als der Körper, der am nächsten um ihn herum läuft. Die Erde in Ansehung des

Mondes [13]), und die Sonne in Ansehung der Erde, zeigen ein solches Verhältniss ihrer Dichtigkeiten. Nach dem Entwurfe, den
wir dargelegt haben, ist eine solche Beschaffenheit nothwendig.
Denn, da die untern Planeten vornemlich von dem Ausschusse
der elementarischen Materie gebildet worden, welche durch den
Vorzug ihrer Dichtigkeit, bis zu solcher Nähe zum Mittelpunkte, mit dem erforderlichen Grade der Geschwindigkeit
haben dringen können; dagegen der [43] Körper in dem Mittelpunkte selber, ohne Unterscheid aus denen Materien aller vorhandenen Gattungen, die ihre gesetzmässige Bewegungen nicht
erlanget haben, zusammen gehäufet worden, unter welchen,
da die leichteren Materien den grössesten Theil ausmachen, es
leicht einzusehen ist, dass, weil der nächste oder die nächsten
zu dem Mittelpunkte umlaufenden Himmelskörper gleichsam
eine Aussonderung dichterer Sorten, der Centralkörper aber,
eine Mischung von allen ohne Unterschied in sich fasset, jenes
seine Substanz dichterer Art, als dieser seyn werde.   In der
That ist auch der Mond 2 mal dichter als die Erde, und diese
4 mal dichter als die Sonne, welche allem Vermuthen nach
von den noch tieferen, der Venus und dem Merkur, in noch
höheren Graden an Dichtigkeit wird übertroffen werden.
   Anjetzo wendet sich unser Augenmerk auf das Verhältniss,
welches die Massen der Himmelskörper nach unserem Lehrbegriff, in Vergleichung ihrer Entfernungen, haben sollen, um
das Resultat unseres Systems an den untrieglichen Rechnungen
des Newton zu prüfen.   Es bedarf nicht viel Worte, um begreiflich zu machen: dass der Centralkörper jederzeit das Hauptstück seines Systems, folglich die Sonne auf eine vorzügliche
Art an Masse grösser, als die gesammten Planeten, seyn müsse;
wie denn dieses auch vom Jupiter, in Ansehung seiner Nebenplaneten, und vom Saturn, in Betrachtung der seinigen, gelten
wird.   Der Centralkörper [44] bildet sich aus dem Niedersatze
aller Partikeln, aus dem ganzen Umfange seiner Anziehungssphäre, welche die genaueste Bestimmung der Zirkelbewegung,
und die nahe Beziehung auf die gemeinschaftliche Fläche, nicht
haben bekommen können, und deren ohne Zweifel eine ungemein grössere Menge, als der letzteren, seyn muss.   Um an
der Sonne vornemlich diese Betrachtung anzuwenden: wenn
man die Breite des Raumes, um den die in Zirkeln umlaufende Partikeln, welche den Planeten zum Grundstoffe gedienet
haben, am weitesten von der gemeinschaftlichen Fläche abgewichen sind, schätzen will: so kann man sie ohngefähr etwas

grösser, als die Breite der grössesten Abweichung der Planetenkreise von einander annehmen.   Nun macht aber, indem sie
von der gemeinschaftlichen Fläche nach beyden Seiten ausschweifen, ihre grösste Neigung gegen einander kaum $7\frac{1}{2}$ Grade
aus.   Also kann man alle Materie, daraus die Planeten sich
gebildet haben, sich als in denjenigen Raum ausgebreitet gewesen, vorstellen, der zwischen zwey Flächen, von dem Mittelpunkte der Sonne aus, begriffen war, die einen Winkel von
$7\frac{1}{2}$ Grade einschlossen.   Nun ist aber eine, nach der Richtung
des grössten Zirkels, gehende Zone von $7\frac{1}{2}$ Grad Breite, etwas
mehr als der 17te Theil der Kugelfläche, also der körperliche
Raum zwischen den zwo Flächen, die den sphärischen Raum
in der Breite obgedachten Winkels ausschneiden, etwas mehr,
als der 17te Theil des körperlichen Innhalts der ganzen Sphäre.
Also würde dieser Hypothese gemäss alle [45] Materie, die
zur Bildung der Planeten angewandt worden, ohngefehr den
siebenzehnten Theil derjenigen Materie ausmachen, die die
Sonne aus eben der Weite, als der äusserste Planet stehet,
von beyden Seiten zu ihrer Zusammensetzung gesammlet hat.
Allein dieser Centralkörper hat einen Vorzug des Klumpens
vor dem gesammten Innhalte aller Planeten, der nicht zu diesem
wie $17 : 1$, sondern wie 650 zu 1 ist, wie die Ausrechnung
des Newton es bestimmet [14]; aber es ist auch leicht einzusehen,
dass in den obern Räumen über dem Saturn, wo die planetischen Bildungen entweder aufhören, oder doch selten seyn,
wo nur einige wenige cometische Körper sich gebildet haben,
und wo vornemlich die Bewegungen des Grundstoffes, indem
sie daselbst nicht geschickt seyn, zu der gesetzmässigen Gleichheit der Centralkräfte zu gelangen, als in der nahen Gegend
zum Centro, nur in eine fast allgemeine Senkung zum Mittelpunkte ausschlagen, und die Sonne mit aller Materie aus so
weit ausgedehnten Räumen vermehren, dass, sage ich, aus
diesen Ursachen der Sonnenklumpen die so vorzügliche Grösse
der Masse erlangen müsse.
   Um aber die Planeten in Ansehung ihrer Massen unter
einander zu vergleichen: so bemerken wir erstlich, dass nach
der angezeigten Bildungsart die Qvantität der Materie, die in
den Zusammensatz eines Planeten kommt, auf die Weite seiner
Entfernung von der Sonne vornemlich ankomme: 1) darum,
weil die Sonne durch ihre Anziehung [46] die Sphäre der Attraction eines Planeten einschränkt, aber bey gleichen Umständen der entfernteren ihre nicht so enge einschränkt, als

der nahen: 2) weil die Zirkel, aus denen alle Theilchen zusammen gekommen seyn, einen Planeten auszumachen, mit grösserem Radius beschrieben werden, also mehr Grundstoff, als die kleinern Zirkel in sich fassen: 3) weil aus eben dem letzten Grunde die Breite zwischen den zwey Flächen der grössesten Abweichung, bey gleicher Anzahl Grade, in grossen Höhen grösser, als in kleinen ist. Dagegen wird dieser Vorzug der entfernteren Planeten, vor den niedrigern, zwar dadurch eingeschränkt, dass die Partikeln näher zur Sonne dichterer Art, und allem Ansehen nach auch weniger zerstreuet, als in grösserem Abstande seyn werden; allein man kann leicht ermessen, dass die ersteren Vortheile, zu Bildung grosser Massen, die letztern Einschränkungen dennoch weit übertreffen, und überhaupt die Planeten, die sich in weitem Abstande von der Sonne bilden, grössere Massen, als die nahen bekommen müssen. Dieses geschiehet also in so ferne man sich die Bildung eines Planeten nur als in Gegenwart der Sonne vorstellet; allein, wenn man mehrere Planeten, in unterschiedlichem Abstande sich bilden lässt; so wird einer den Umfang der Attraction des andern, durch seine Anziehungssphäre einschränken, und dieses bringt eine Ausnahme von dem vorigen Gesetze zuwege. Denn derjenige Planet, welcher einem andern, von ausnehmender Masse, nahe ist, wird sehr viel von der Sphäre seiner Bildung verlieren, und dadurch ungleich [47] kleiner werden, als das Verhältniss seines Abstandes von der Sonne allein es erheischet. Obgleich also im Ganzen die Planeten von grösserer Masse seyn, nachdem sie weiter von der Sonne entfernt sind, wie denn überhaupt Saturn und Jupiter, als die zwey Hauptstücke unseres Systems, darum die grössesten seyn, weil sie von der Sonne am weitesten entfernet sind: so finden sich dennoch Abweichungen von dieser Analogie, in denen aber jederzeit das Merkmal der allgemeinen Bildung hervorleuchtet, die wir von den Himmelskörpern behaupten: dass nemlich ein Planet von ausnehmender Grösse die nächsten von beyden Seiten, der, ihnen wegen ihrer Sonnenweite, gebührenden Masse beraubet, indem er einen Theil der Materien sich zueignet, die zu jener ihrer Bildung kommen sollten. In der That hat Mars, der vermöge seines Ortes grösser als die Erde seyn solte, durch die Anziehungskraft des ihm nahen so grossen Juppiters an seiner Masse eingebüsset; und Saturn selber, ob er gleich durch seine Höhe einen Vorzug über den Mars hat, ist dennoch nicht gänzlich befreyet gewesen, durch Juppiters

Anziehung eine beträchtliche Einbusse zu erleiden, und mich
dünkt, Merkur habe die ausnehmende Kleinigkeit seiner Masse,
nicht allein der Anziehung der ihm so nahen mächtigen Sonne,
sondern auch der Nachbarschaft der Venus zu verdanken,
welche, wenn man ihre muthmassliche Dichtigkeit mit ihrer
Grösse vergleicht, ein Planet von beträchtlicher Masse seyn muss.

[48] Indem nun alles so vortreflich, als man es nur wün-
schen mag, zusammenstimmt, die Zulänglichkeit einer mechanischen Lehrverfassung, bey dem Ursprunge des Weltbaues
und der Himmelskörper, zu bestätigen; so wollen wir, indem
wir den Raum schätzen, darinn der Grundstoff der Planeten
vor ihrer Bildung ausgebreitet gewesen, erwegen, in welchem
Grade der Dünnigkeit dieser Mittelraum damals erfüllet gewesen, und mit was vor Freyheit, oder wie wenigen Hindernissen die herumschwebenden Partikeln ihre gesetzmässige Bewegungen darinn haben anstellen können. Wenn der Raum,
der alle Materie der Planeten in sich begriff, in demjenigen
Theile der Saturnischen Sphäre enthalten war, der von dem
Mittelpunkte der Sonne aus, zwischen zwey und sieben Grade
weit, in allen Höhen von einander abstehenden Flächen begriffen, und daher der siebenzehnte Theil der ganzen Sphäre
war, die man mit dem Radius der Höhe des Saturns beschreiben
kan; so wollen wir, um die Veränderung des planetischen
Grundstoffs, da er diesen Raum erfüllete, auszurechnen, nur
die Höhe des Saturns 100000 Erddiameter ansetzen; so wird
die ganze Sphäre des saturnischen Kreises den Raumesinhalt
der Erdkugel 1000 Bimillionenmal übertreffen; davon, wenn
wir an statt des siebenzehnten Theiles, auch nur den zwanzig-
sten nehmen, der Raum, darinn der elementarische Grundstoff
schwebete, den Raumesinhalt der Erdkugel dennoch 50 Bimillionenmal übertreffen muss. [49] Wenn man nun die Masse
aller Planeten mit ihren Begleitern $\frac{1}{650}$ des Sonnenklumpens
nach dem Newton ansetzet; so wird die Erde, die nur $\frac{1}{160282}$
derselben ist, sich zu der gesammten Masse aller planetischen
Materie wie 1 zu $276\frac{1}{2}$ verhalten; und wenn man daher alle
diese Materie zu gleicher specifischen Dichtigkeit mit der Erde
brächte, würde daraus ein Körper entstehen, der $277\frac{1}{2}$ mal
grössern Raum als die Erde einnähme. Wenn wir daher die
Dichtigkeit der Erde in ihrem ganzen Klumpen nicht viel
grösser, als die Dichtigkeit der festen Materie, die man unter
der obersten Fläche derselben antrifft, annehmen: wie es denn
die Eigenschaften der Figur der Erde nicht anders erfordern,

und diese obere Materien ohngefehr 4 oder 5 mal dichter als
das Wasser, das Wasser aber 1000 mal schwerer als die Luft
ansetzen; so würde die Materie aller Planeten, wenn sie zu
der Dünnigkeit der Luft ausgedehnet würden, einen fast 14 mal
hunderttausendmal grössern Raum als die Erdkugel einnehmen.
Dieser Raum mit dem Raume, in welchem nach unserer Voraussetzung alle Materie der Planeten ausgebreitet war, verglichen,
ist dreyssig Millionenmal kleiner als derselbe: also macht auch
die Zerstreuung der planetischen Materie in diesem Raume eine
eben so vielmal grössere Verdünnung aus, als die die Theilchen unserer Atmosphäre haben. In der That, diese Grösse
der Zerstreuung, so unglaublich sie auch scheinen mag, war
dennoch weder unnöthig, noch unnatürlich. Sie muste so gross
als möglich seyn, [50] um den schwebenden Partikeln alle
Freyheit der Bewegung, fast so, als in einem leeren Raume,
zu verstatten, und den Widerstand unendlich zu verringern,
den sie einander leisten könnten; sie konnten aber auch von
selber einen solchen Zustand der Verdünnung annehmen, woran
man nicht zweifeln darf, wenn man ein wenig die Ausbreitung
kennet, die die Materie leidet, wenn sie in Dünste verwandelt
ist; oder wenn man, um bey dem Himmel zu bleiben, die
Verdünnung der Materie in den Schweifen der Cometen erweget, die bey einer so unerhörten Dicke ihres Durchschnittes,
der den Durchmesser der Erde wohl hundertmal übertrifft,
dennoch so durchscheinend sind, dass die kleinen Sterne dadurch können gesehen werden; welches unsere Luft, wenn sie
von der Sonne erleuchtet wird, in einer Höhe, die viel tausendmal kleiner ist, nicht verstattet.

Ich beschliesse dieses Hauptstück, indem ich eine Analogie
hinzufüge, die an und vor sich allein gegenwärtige Theorie,
von der mechanischen Bildung der Himmelskörper über die
Wahrscheinlichkeit der Hypothese, zu einer förmlichen Gewissheit erheben kann. Wenn die Sonne aus den Partikeln desselben Grundstoffes, daraus die Planeten sich gebildet haben,
zusammengesetzt ist: und wenn nur darinn allein der Unterschied bestehet, dass in der ersteren die Materien aller Gattungen ohne Unterschied gehäufet, bey diesen aber in verschiedenen Entfernungen, nach Beschaffenheit der Dichtigkeit [51]
ihrer Sorten, vertheilet worden; so wird, wenn man die Materie aller Planeten zusammen vereinigt betrachtet, in ihrer
ganzen Vermischung eine Dichtigkeit herauskommen müssen,
die der Dichtigkeit des Sonnenkörpers beynahe gleich ist.

Nun findet diese nöthige Folgerung unseres Systems eine glückliche Bestätigung in der Vergleichung, die der Herr von Buffon, dieser so würdigberühmte Philosoph, zwischen den Dichtigkeiten der gesammten planetischen Materie und der Sonnen ihre, angestellet hat; er fand eine Aehnlichkeit zwischen beyden, wie zwischen 640 und 650 [15]). Wenn ungekünstelte und nothwendige Folgerungen aus einer Lehrverfassung in den wirklichen Verhältnissen der Natur so glückliche Bestätigungen antreffen; kan man denn wohl glauben, dass ein blosses Ungefehr diese Uebereinstimmung zwischen der Theorie und der Beobachtung veranlasse?

Drittes Haupstück,

von der

Eccentricität der Planetenkreise, und dem Ursprunge der Cometen.

Man kan aus den Cometen nicht eine besondere Gattung von Himmelskörpern machen, die sich von dem Geschlechte der Planeten gänzlich unterschiede. [52] Die Natur wirket hier, wie anderwerts, durch unmerkliche Abfälle, und, indem sie alle Stuffen der Veränderungen durchgehet, hänget sie, vermittelst einer Kette von Zwischengliedern, die entferneten Eigenschaften mit den nahen zusammen. Die Eccentricität ist bey den Planeten eine Folge des Mangelhaften in derjenigen Bestrebung, dadurch die Natur trachtet, die planetischen Bewegungen gerade Zirkelgleich zu machen, welches sie aber, wegen Dazwischenkunft von mancherley Umständen, niemals völlig erlangen kan, aber doch in grösseren Weiten mehr, als in nahen, davon abweichet.

Diese Bestimmung führet, durch eine beständige Leiter, vermittelst aller möglichen Stuffen der Eccentricität, von den Planeten endlich bis zu den Cometen, und ob zwar dieser Zusammenhang bey dem Saturn, durch eine grosse Klufft, scheinet abgeschnitten zu seyn, die das cometische Geschlecht von den Planeten völlig absondert; so haben wir doch in dem ersten Theile angemerket, dass es, vermuthlich über dem Saturn, noch andere Planeten geben mag, die, durch eine grössere Abweichung von der Zirkelrundung der Kreise, dem Laufe der Cometen näher treten, und dass es nur an dem Mangel der Beobachtung, oder auch an der Schwierigkeit derselben, liegt,

dass diese Verwandschaft dem Auge nicht eben so sichtbar,
als dem Verstande, vorlängst dargestellet worden [16]).

[53] Wir haben schon eine Ursache in dem ersten Hauptstücke dieses Theils angeführet, welche die Laufbahn eines
Himmelskörpers eccentrisch machen kan, der sich aus dem
herumschwebenden Grundstoffe bildet, wenn man gleich annimmt, dass dieser in allen seinen Oertern gerade zur Zirkelbewegung abgewogene Kräfte besitze. Denn, weil der Planet
sie aus weit von einander abstehenden Höhen sammlet, wo die
Geschwindigkeiten der Zirkelläufe unterschieden seyn; so
kommen sie mit verschiedenen ihnen beywohnenden Graden
der Umlaufsbewegung auf ihm zusammen, welche von dem
Maasse der Geschwindigkeit, die dem Abstande des Planeten
gebühret, abweichen, und diesem dadurch in so ferne eine
Eccentricität zuziehen, als diese verschiedentliche Eindrücke
der Partikeln ermangeln, eine der andern Abweichung völlig
zu ersetzen.

Wenn die Eccentricität keine andere Ursache hätte, so
würde sie allenthalben gemässigt seyn: sie würde auch bey
denen kleinen, und weit von der Sonne entferneten Planeten,
geringer, als bey den nahen und grossen seyn: wenn man
nemlich voraussetzte, dass die Partikeln des Grundstoffes wirklich vorher genaue Zirkelbewegungen gehabt hätten. Da nun
diese Bestimmungen mit der Beobachtung nicht übereinstimmen,
indem, wie schon angemerkt, die Eccentricität mit der Sonnenweite zunimmt, und die Kleinigkeit der Massen vielmehr eine
Ausnahme, zu Vermehrung der Eccentricität, [54] zu machen
scheinet, wie wir am Mars sehen; so sind wir genöthiget, die
Hypothese von der genauen Zirkelbewegung der Partikeln des
Grundstoffes dahin einzuschränken, dass, wie sie in den der
Sonne nahen Gegenden zwar dieser Genauheit der Bestimmung
sehr nahe beykommen, aber sie doch desto weiter davon abweichen lassen, je entfernter diese elementarische Theilchen
von der Sonne geschwebet haben. Eine solche Mässigung des
Grundsatzes, von der freyen zirkelgleichen Bewegung des Grundstoffes, ist der Natur gemässer. Denn, ungeachtet der Dünnigkeit des Raumes, die ihnen Freyheit zu lassen scheinet, sich
einander auf den Punkt der völlig abgewogenen Gleichheit der
Centralkräfte einzuschränken; so sind die Ursachen dennoch
nicht minder beträchtlich, diesen Zweck der Natur an seiner
Vollführung zu verhindern. Je weiter die ausgebreiteten Theile
des Urstoffs von der Sonne entfernet sind, desto schwächer

ist die Kraft, die sie zum Sinken bringt: der Widerstand der untern Theile, die ihren Fall seitwärts beugen, und ihn nöthigen soll, seine Richtung senkrecht von dem Zirkelstrahl anzustellen, vermindert sich nach dem Maasse, als diese unter ihm wegsinken, um entweder der Sonne sich einzuverleiben, oder in näheren Gegenden Umläufe anzustellen. Die specifisch vorzügliche Leichtigkeit dieser höheren Materie verstattet ihnen nicht, die sinkende Bewegung, die der Grund von allem ist, mit dem Nachdrucke, welcher erfordert wird, um die widerstehende Partikeln zum Weichen zu bringen, [55] anzustellen; und vielleicht, dass diese entfernete Partikeln einander noch einschränken, um nach einer langen Periode diese Gleichförmigkeit endlich zu überkommen; so haben sich unter ihnen schon kleine Massen gebildet, als Anfänge zu so viel Himmelskörpern, welche, indem sie sich aus schwach bewegtem Stoffe sammeln, eine nur eccentrische Bewegung haben, womit sie zur Sonne sinken, und unter Wegens mehr und mehr, durch die Einverleibung schneller bewegten Theile vom senkrechten Falle abgebeugt werden, endlich aber doch Cometen bleiben, wenn jene Räume, in denen sie sich gebildet haben, durch Niedersinken zur Sonne, oder durch Versammlung in besondern Klumpen, gereiniget und leer geworden. Dieses ist die Ursache der mit den Entfernungen von der Sonne zunehmenden Eccentricitäten der Planeten und derjenigen Himmelskörper, die um deswillen Cometen genannt werden, weil sie in dieser Eigenschaft die erstere vorzüglich übertreffen. Es sind zwar noch zwey Ausnahmen, die das Gesetz von der mit dem Abstande von der Sonne zunehmenden Eccentricität unterbrechen, die man an den beyden kleinesten Planeten unseres Systems, am Mars und Merkur, wahrnimmt; allein an dem ersteren ist vermuthlich die Nachbarschaft des so grossen Jupiters Ursache, der, indem er durch seine Anziehung auf seiner Seite den Mars, der Partikeln zur Bildung beraubet, ihm vornehmlich nur Platz lässet, gegen die Sonne sich auszubreiten, dadurch eine Ueberwucht der Centralkraft und Eccentricität zuziehet. Was [56] aber den Merkur, den untersten aber auch am meisten eccentrischen unter den Planeten betrifft; so ist leicht zu erachten, dass, weil die Sonne in ihrer Achsendrehung der Geschwindigkeit des Merkurs noch lange nicht gleich kommt, der Widerstand, den sie der Materie des sie umgebenden Raumes thut, nicht allein die nächsten Theilchen ihrer Centralbewegung berauben werde; sondern auch leichtlich diese

Widerstrebung bis zum Merkur ausbreiten könne, und dessen
Umschwungsgeschwindigkeit dadurch beträchtlich werde vermindert haben.

Die Eccentricität ist das vornehmste Unterscheidungszeichen
der Cometen. Ihre Atmosphären und Schweife, welche, bey
ihrer grossen Annäherung zur Sonne, durch die Hitze sich
verbreiten, sind nur Folgen von dem erstern, ob sie gleich zu
den Zeiten der Unwissenheit gedienet haben, als ungewohnte
Schreckbilder, dem Pöbel eingebildete Schicksale zu verkündigen. Die Astronomen, welche mehr Aufmerksamkeit auf
die Bewegungsgesetze, als auf die Seltsamkeit der Gestalt, bezeigen, bemerken eine zweyte Eigenschaft, die das Geschlecht
der Cometen von den Planeten unterscheidet, nemlich dass sie
sich nicht, wie diese, an die Zone des Thierkreises binden,
sondern frey in allen Gegenden des Himmels ihre Umläufe
anstellen. Diese Besonderheit hat einerley Ursache mit der
Eccentricität. Wenn die Planeten darum ihre Kreise in dem
engen Bezirke des Zodiakus eingeschlossen haben, weil die
elementarische Materie nahe um die [57] Sonne Cirkelbewe-
gungen bekommet, die bey jedem Umschwunge den Plan der
Beziehung zu durchkreutzen bemühet seyn, und den einmal
gebildeten Körper von dieser Fläche, dahin sich alle Materie
von beyden Seiten dränget, nicht abweichen lassen: so muss
der Grundstoff der weit von dem Mittelpunkte entlegenen Räume,
welcher durch die Attraction schwach bewegt, zu dem freyen
Zirkelumschwunge nicht gelangen kan, eben aus dieser Ursache,
die die Eccentricität hervorbringt, nicht vermögend seyn, sich
in dieser Höhe zu dem Plane der Beziehung aller planetischen
Bewegungen zu häufen, um die daselbst gebildete Körper, vornehmlich in diesem Gleise, zu erhalten: vielmehr wird der
zerstreuete Grundstoff, da er keine Einschränkung auf eine
besondere Gegend, so wie bey den untern Planeten, hat, sich
gleich leicht auf einer Seite sowohl, als auf der andern, und
weit von dem Beziehungsplane eben so häufig, als nahe bey
demselben, zu Himmelskörpern bilden. Daher werden die Cometen mit aller Ungebundenheit aus allen Gegenden zu uns
herab kommen: aber doch diejenige, deren erster Bildungsplatz nicht weit über der Planeten Kreise erhaben ist, werden
weniger Abweichung von den Schranken ihrer Laufbahne eben
sowohl, als weniger Eccentricität beweisen. Mit den Entfernungen von dem Mittelpunkte des Systems nimmt diese gesetz-
lose Freyheit der Cometen, in Ansehung ihrer Abweichungen,

zu, und verlieret sich in der Tiefe des Himmels in einen gänzlichen Mangel der Umwendung, der die äusseren sich [58] bildenden Körper ihrem Falle zur Sonne frey überlässt, und der
systematischen Verfassung die letzten Grenzen setzet.

Ich setze, bey diesem Entwurfe der cometischen Bewegungen, voraus: dass, in Ansehung ihrer Richtung, sie selbige
grössesten Theils mit der Planeten ihrer gemein haben werden.
Bey denen nahen Cometen scheinet mir dieses unzweifelhaft
zu seyn, und diese Gleichförmigkeit kan sich auch nicht eher
in der Tiefe des Himmels verlieren, als da, wo der elementarische Grundstoff in der grössten Mattigkeit der Bewegung,
die etwa durch das Niedersinken entstehende Drehung nach
allerley Gegenden anstellet, weil die Zeit, die erfordert wird,
durch die Gemeinschaft der untern Bewegungen, sie in der
Richtung einstimmig zu machen, wegen der Weite der Entfernung, zu lang ist, als dass sie indessen, dass die Bildung
der Natur in der niederen Gegend verrichtet wird, sich bis
dahin erstrecken könne. Es werden also vielleicht Cometen
seyn, die ihren Umlauf nach der entgegen gesetzten Seite,
nemlich von Morgen gegen Abend, anstellen werden; ob ich
gleich aus Ursachen, die ich allhier anzuführen Bedenken trage,
mich beynahe überreden möchte, dass von den 19 Cometen,
an denen man diese Besonderheit bemerket hat, bey einigen
vielleicht ein optischer Schein Anlass dazu gegeben haben
möchte [17]).

Ich muss von den Massen der Cometen, und von der Dichtigkeit ihres Stoffes, noch etwas anmerken. [59] Von Rechts-
wegen solten in den obern Gegenden der Bildung dieser Himmelskörper, aus denen im vorigen Hauptstücke angeführten
Gründen, sich immer nach dem Maasse, als die Entfernung
zunimmt, desto grössere Massen bilden. Und es ist auch zu
glauben, dass einige Cometen grösser seyn, als Saturn und
Jupiter; allein es ist eben nicht zu glauben, dass diese Grösse
der Massen so immer zunimmt. Die Zerstreuung des Grundstoffes, die specifische Leichtigkeit ihrer Partikeln, machen die
Bildung in der abgelegensten Gegend des Weltraums langsam;
die unbestimmte Verbreitung desselben, in dem ganzen unermesslichen Umfange dieser Weite, ohne eine Bestimmung, sich
gegen eine gewisse Fläche zu häufen, verstatten, an statt einer
einzigen beträchtlichen Bildung viele kleinere, und der Mangel
der Centralkraft ziehet den grössten Theil der Partikeln zu der
Sonne herab, ohne sich in Massen versammlet zu haben.

Die specifische Dichtigkeit des Stoffes, woraus die Cometen
entstehen, ist von mehrerer Merkwürdigkeit, als die Grösse
ihrer Massen. Vermuthlich, da sie in der obersten Gegend
des Weltgebäudes sich bilden, sind die Theilchen ihres Zusammensatzes von der leichtesten Gattung; und man darf nicht
zweifeln, dass dieses die vornehmste Ursache der Dunstkugeln
und der Schweife seyn, womit sie sich vor andern Himmelskörpern kenntlich machen. Man kan der Wirkung der Sonnen-
hitze diese Zerstreuung der cometischen Materie in einen [60]
Dunst nicht hauptsächlich beymessen; einige Cometen erreichen
in ihrer Sonnennähe kaum die Tiefe des Erdzirkels; viele
bleiben zwischen dem Kreise der Erde und der Venus, und
kehren sodann zurück. Wenn ein so gemässigter Grad Hitze,
die Materien auf der Oberfläche dieser Körper dermassen auf-
löset und verdünnet; so müssen sie nicht aus dem leichtesten
Stoffe bestehen, der durch die Wärme mehr Verdünnung, als
irgend eine Materie, in der ganzen Natur leidet. Man kan auch diese, von dem Cometen so häufig aufsteigende Dünste, der Hitze nicht beymessen, die sein Körper
von der etwa ehemaligen Sonnennähe übrig behalten hat:
denn es ist zwar zu vermuthen, dass ein Comet, zur Zeit seiner
Bildung, etliche Umläufe mit grösserer Eccentricität zurück
geleget hat, und diese nur nach und nach vermindert worden;
allein die andern Planeten, von denen man eben dasselbe vermuthen könnte, zeigen dieses Phänomenon nicht. Indessen
würden sie es an sich zeigen, wenn die Sorten der leichtesten
Materie, die in dem Zusammensatze des Planeten begriffen
seyn, eben so häufig, als bey den Cometen, vorhanden wären.

Die Erde hat etwas an sich, was man mit der Ausbreitung
der cometischen Dünste und ihren Schweifen vergleichen kan *).
Die feinsten Partikeln, die die Sonnenwirkung aus ihrer Oberfläche [61] ziehet, häufen sich um einen von denen Polen,
wenn die Sonne den halben Zirkel ihres Laufes auf der entgegen gesetzten Halbkugel verrichtet. Die feinsten und würk-
samsten Theilchen, die in dem brennenden Erdgürtel aufsteigen,
nachdem sie eine gewisse Höhe der Atmosphäre erreichet
haben, werden durch die Wirkung der Sonnenstrahlen genöthiget, in diejenigen Gegenden zu weichen und sich zu häufen,
die alsdenn von der Sonne abgewandt, und in einer langen
Nacht begraben sind, und vergüten den Bewohnern der Eis-

---

*) Dieses sind die Nordlichter.

zone die Abwesenheit des grossen Lichtes, welches ihnen auch in dieser Entfernung die Würkungen ihrer Wärme zuschicket. Eben dieselbe Kraft der Sonnenstrahlen, welche die Nordlichter macht, würde einen Dunstkreis mit einem Schweife hervor bringen, wenn die feinsten und flüchtigen Partikeln auf der Erde eben so häufig, als auf dem Cometen, anzutreffen wären.

Viertes Hauptstück,

von dem

Ursprunge der Monde, und den Bewegungen der Planeten um ihre Achse.

Die Bestrebung eines Planeten, aus dem Umfange der elementarischen Materie sich zu bilden, ist zugleich die Ursache seiner Achsendrehung, [62] und erzeuget die Monde, die um ihn laufen sollen. Was die Sonne mit ihren Planeten im Grossen ist, das stellet ein Planet, der eine weit ausgedehnte Anziehungssphäre hat, im kleinern vor, nemlich das Hauptstück eines Systems, dessen Theile durch die Attraction des Centralkörpers in Bewegung gesetzet worden. Der sich bildende Planet, indem er die Partikeln des Grundstoffs aus dem ganzen Umfange zu seiner Bildung bewegt, wird aus allen diesen sinkenden Bewegungen, vermittelst ihrer Wechselwirkung, Kreisbewegungen, und zwar endlich solche erzeugen, die in eine gemeinschaftliche Richtung ausschlagen, und deren ein Theil die gehörige Mässigung des freyen Zirkellaufes bekommen, und in dieser Einschränkung sich einer gemeinschaftlichen Fläche nahe befinden wird. In diesem Raume werden, so wie um die Sonne die Hauptplaneten, also auch um diese sich die Monde bilden, wenn die Weite der Attraction solcher Himmelskörper günstige Umstände zu ihrer Erzeugung darreichet. Was übrigens in Ansehung des Ursprunges des Sonnensystems gesagt worden, dasselbe lässt sich auf das System des Jupiters und des Saturns mit genugsamer Gleichheit anwenden. Die Monde werden alle nach einer Seite, und beynahe auf einer Fläche, die Kreise ihres Umschwunges gerichtet haben, und dieses zwar aus den gleichen Ursachen, die diese Analogie im grossen bestimmen: Aber warum bewegen sich diese Begleiter in ihrer gemeinschaftlichen Richtung vielmehr nach der Seite, nach der die Planeten laufen, als nach [63] einer jeden andern? Ihre Umläufe werden ja durch die Kreisbewegungen

nicht erzeuget: sie erkennen lediglich die Attraction des Hauptplaneten zur Ursache, und in Ansehung dieser sind alle Richtungen gleichgültig; ein blosses Ungefehr wird diejenige unter
allen möglichen entscheiden, nach der die sinkende Bewegung
des Stoffes in Kreise ausschlägt. In der That thut der Zirkellauf des Hauptplaneten nichts dazu, dem Stoffe, aus dem sich
um ihn die Monde bilden sollen, Umwälzungen um diesen einzudrücken; alle Partikeln um den Planeten bewegen sich in
gleicher Bewegung mit ihm um die Sonne, und sind also in
respectiver Ruhe gegen denselben[18]). Die Attraction des Planeten
thut alles allein. Allein die Kreisbewegung, die aus ihr entstehen soll, weil sie in Ansehung aller Richtungen an und vor
sich gleichgültig ist, bedarf nur einer kleinen äusserlichen Bestimmung, um nach einer Seite vielmehr, als nach der andern,
auszuschlagen: und diesen kleinen Grad der Lenkung bekommt
sie von der Vorrückung der elementarischen Partikeln, welche
zugleich mit um die Sonne, aber mit mehr Geschwindigkeit,
laufen, und in die Sphäre der Attraction des Planeten kommen.
Denn diese nöthiget die zur Sonne nähere Theilchen, die mit
schnellerem Schwunge umlaufen, schon von weitem die Richtung ihres Gleises zu verlassen, und in einer ablangen Ausschweifung sich über den Planeten zu erheben. Diese, weil
sie einen grössern Grad der Geschwindigkeit, als der Planet
selber, haben, wenn sie durch dessen [64] Anziehung zum
Sinken gebracht werden, geben ihrem geradlinigten Falle, und
auch dem Falle der übrigen, eine Abbeugung von Abend gegen
Morgen, und es bedarf nur dieser geringen Lenkung, um zu
verursachen, dass die Kreisbewegung, dahin der Fall, den die
Attraction erregt, ausschlägt, vielmehr diese, als eine jede
andere Richtung, nehme. Aus diesem Grunde werden alle
Monde in ihrer Richtung, mit der Richtung des Umlaufs der
Hauptplaneten übereinstimmen. Aber auch die Fläche ihrer
Bahn kan nicht weit von dem Plane der Planetenkreise abweichen, weil die Materie, daraus sie sich bilden, aus eben
dem Grunde, den wir von der Richtung überhaupt angeführet
haben, auch auf diese genaueste Bestimmung derselben, nemlich die Uebereintreffung mit der Fläche der Hauptkreise, ge-
lenket wird.

Man siehet aus allem diesen klärlich, welches die Umstände
seyn, unter welchen ein Planet Trabanten bekommen könne.
Die Anziehungskraft desselben muss gross, und folglich die
Weite seiner Wirkungssphäre weit ausgedehnt seyn, damit

sowohl die Theilchen durch einen hohen Fall zum Planeten bewegt, ohnerachtet dessen, was der Widerstand aufhebet, dennoch hinlängliche Geschwindigkeit zum freyen Umschwunge erlangen können, als auch genugsamer Stoff zu Bildung der Monde in diesem Bezirke vorhanden sey, welches bey einer geringen Attraction nicht geschehen kan. Daher sind nur die Planeten von grossen Massen, und [65] weiter Entfernung mit Begleitern, begabt. Jupiter und Saturn, die 2 grösten und auch entfernetesten unter den Planeten, haben die meisten Monde. Der Erde, die viel kleiner als jene ist, ist nur einer zu Theil worden; und Mars, welchem wegen seines Abstandes auch einiger Antheil an diesem Vorzuge gebührete, gehet leer aus, weil seine Masse so gering ist [19]).

Man nimmt mit Vergnügen wahr, wie dieselbe Anziehung des Planeten, die den Stoff zur Bildung der Monde herbeyschaffte, und zugleich derselben Bewegung bestimmete, sich bis auf seinen eigenen Körper erstreckt, und dieser sich selber durch eben dieselbe Handlung, durch welche er sich bildet, eine Drehung um die Achse, nach der allgemeinen Richtung von Abend gegen Morgen, ertheilet. Die Partikeln des niedersinkenden Grundstoffes, welche, wie gesagt, eine allgemeine drehende Bewegung von Abend gegen Morgen hin bekommen, fallen grössten Theils auf die Fläche des Planeten, und vermischen sich mit seinem Klumpen, weil sie die abgemessene Grade nicht haben, sich frey schwebend in Zirkelbewegungen zu erhalten. Indem sie nun in den Zusammensatz des Planeten kommen, so müssen sie, als Theile desselben, eben dieselbe Umwendung, nach eben derselben Richtung fortsetzen, die sie hatten, ehe sie mit ihm vereiniget worden. Und weil überhaupt aus dem vorigen zu ersehen, dass die Menge der Theilchen, welche der Mangel an der erforderlichen Bewegung auf den [66] Centralkörper niederstürzet, sehr weit die Anzahl der andern übertreffen müsse, welche die gehörige Grade der Geschwindigkeit haben erlangen können; so begreifet man auch leicht, woher dieser in seiner Achsendrehung zwar bey weitem die Geschwindigkeit nicht haben werde, der Schwere auf seiner Oberfläche mit der fliehenden Kraft das Gleichgewicht zu leisten, aber dennoch bey Planeten von grosser Masse und weitem Abstande weit schneller, als bey nahen und kleinen, seyn werde. In der That hat Jupiter die schnelleste Achsendrehung, die wir kennen, und ich weiss nicht, nach welchem System man dieses mit einem Körper, dessen Klumpen alle

andern übertrifft, zusammen reimen könnte, wenn man nicht
seine Bewegungen selber, als die Wirkung derjenigen Anziehung, ansehen könnte, die dieser Himmelskörper, nach dem
Maasse eben dieses Klumpens, ausübet. Wenn die Achsendrehung eine Wirkung einer äusserlichen Ursache wäre, so
müsste Mars eine schnellere, als Jupiter, haben; denn eben
dieselbe bewegende Kraft bewegt einen kleinern Körper mehr,
als einen grössern, und überdieses würde man sich mit Recht
wundern, wie, da alle Bewegungen weiter von dem Mittelpunkte hin abnehmen, die Geschwindigkeiten der Umwelzungen
mit denselben Entfernungen zunehmen, und beym Jupiter sogar drittehalbmal schneller, als seine jährliche Bewegung selber,
seyn könne.

Indem man also genöthiget ist, in den täglichen Umwendungen der Planeten eben dieselbe Ursache, [67] welche überhaupt die allgemeine Bewegungsqvelle der Natur ist, nemlich
die Anziehung zu erkennen; so wird diese Erklärungsart durch
das natürliche Vorrecht seines Grundbegriffes, und durch eine
ungezwungene Folge aus demselben, ihre Rechtmässigkeit bewähren.

Allein, wenn die Bildung eines Körpers selber die Achsendrehung hervorbringt, so müssen sie billig alle Kugeln des
Weltbaues haben; aber warum hat sie der Mond nicht? welcher, wiewol fälschlich, diejenige Art einer Umwendung, dadurch er der Erde immer dieselbe Seite zuwendet, einigen
vielmehr von einer Art einer Ueberwucht der einen Halbkugel,
als von einem wirklichen Schwunge der Revolution, herzu-
haben scheinet. Solte derselbe sich wohl ehedem schneller
um seine Achse gewelzet haben, und durch, ich weis nicht
was vor Ursachen, die diese Bewegung nach und nach ver-
minderten, bis zu diesem geringen und abgemessenen Ueber-
rest gebracht worden seyn? Man darf diese Frage nur in
Ansehung eines von den Planeten auflösen, so ergiebt sich
daraus die Anwendung auf alle von selber. Ich verspare
diese Auflösung zu einer andern Gelegenheit, weil sie eine
nothwendige Verbindung mit derjenigen Aufgabe hat, die die
königliche Akademie der Wissenschaften zu Berlin, auf das
1754ste Jahr, zum Preise aufgestellet hatte [20]).

Die Theorie, welche den Ursprung der Achsendrehungen
erklären soll, muss auch die Stellung ihrer Achsen, gegen den
Plan ihrer Kreise, aus eben [68] denselben Ursachen herleiten
können. Man hat Ursache, sich zu verwundern, woher der

Aeqvator der täglichen Umwelzung mit der Fläche der Monden-
kreise, die um denselben Planeten laufen, nicht in demselben
Plane ist; denn dieselbe Bewegung, die den Umlauf eines Trabanten gerichtet, hat durch ihre Erstreckung bis zum Körper
des Planeten, dessen Drehung um die Achse hervorgebracht,
und dieser eben dieselbe Bestimmung in der Richtung und
Lage ertheilen sollen. Himmelskörper, die keine um sich laufende Nebenplaneten haben, setzten sich dennoch durch eben
dieselbe Bewegung der Partikeln, die zu ihrem Stoffe dieneten,
und durch dasselbe Gesetze, welches jene auf die Fläche ihrer
periodischen Laufbahn einschränkte, in eine Achsendrehung,
welche aus den gleichen Gründen mit ihrer Umlaufsfläche in
der Richtung übereintreffen muste. Diesen Ursachen zu Folge
müsten billig die Achsen aller Himmelskörper, gegen die allgemeine Beziehungsfläche des planetischen Systems, welche
nicht weit von der Ecliptik abweicht, senkrecht stehen. Allein
sie sind nur bey den zwey wichtigsten Stücken dieses Weltbaues senkrecht: beym Jupiter und bey der Sonne; die andern,
deren Umdrehung man kennet, neigen ihre Achsen gegen den
Plan ihrer Kreise; der Saturn mehr als die andern, die Erde
aber mehr, als Mars, dessen Achse auch beynahe senkrecht
gegen die Ecliptik gerichtet ist. Der Aeqvator des Saturns,
(wofern man denselben durch die Richtung seines Ringes bezeichnet halten kan,) neiget sich mit einem Winkel von 31
Graden zur Fläche [69] seiner Bahn; der Erden ihrer aber
nur mit $22\frac{1}{2}$ [21]). Man kan die Ursache dieser Abweichungen
vielleicht der Ungleichheit in den Bewegungen des Stoffes beymessen, die den Planeten zu bilden zusammen gekommen sind.
In der Richtung der Fläche seines Laufkreises war die vornehmste Bewegung der Partikeln um den Mittelpunkt desselben,
und daselbst war der Plan der Beziehung, um welchen die
elementarische Theilchen sich häuften, um daselbst die Bewegung, wo möglich, zirkelgleich zu machen, und zur Bildung
der Nebenplaneten Materie zu häufen, welche um deswillen
niemals von der Umlaufsbahn weit abweichen. Wenn der
Planet sich gröstentheils nur aus diesen Theilchen bildete, so
würde seine Achsendrehung so wenig, wie die Nebenplaneten,
die um ihn laufen, bey seiner ersten Bildung davon abgewichen
seyn; aber er bildete sich, wie die Theorie es dargethan hat,
mehr aus den Partikeln, die auf beyden Seiten niedersunken,
und deren Menge oder Geschwindigkeit nicht so völlig abgewogen gewesen zu seyn scheinet, dass die eine Halbkugel nicht

eine kleine Ueberwucht der Bewegung über die andere, und
daher einige Abweichung der Achse hätte bekommen können.

Dieser Gründe ungeachtet trage ich diese Erklärung nur
als eine Muthmassung vor, die ich mir nicht auszumachen getraue. Meine wahre Meynung gehet dahin: dass die Umdrehung der Planeten um die Achse in dem ursprünglichen Zustande
der ersten Bildung, mit der Fläche ihrer jährlichen [70] Bahn,
ziemlich genau übereingetroffen habe, und dass Ursachen vorhanden gewesen, diese Achse aus ihrer ersten Stellung zu ver-
schieben. Ein Himmelskörper, welcher aus seinem ersten flüssigen
Zustande in den Stand der Festigkeit übergehet, erleidet, wenn
er sich auf solche Art völlig ausbildet, eine grosse Veränderung
in der Regelmässigkeit seiner Oberfläche. Dieselbe wird feste
und gehärtet, indessen, dass die tiefern Materien sich noch
nicht, nach Maassgebung ihrer specifischen Schweere, genugsam gesenket haben; die leichteren Sorten, die mit in ihrem
Klumpen untermengt waren, begeben sich endlich, nachdem
sie sich von den andern geschieden, unter die oberste fest ge-
wordene Rinde, und erzeugen die grossen Höhlen, deren, aus
Ursachen, welche allhier anzuführen, zu weitläuftig ist, die
grösseste und weiteste unter oder nahe zu dem Aeqvator befindlich sind, in welche die gedachte Rinde endlich hineinsinkt,
mannigfaltige Ungleichheiten, Berge und Höhlen, erzeuget.
Wenn nun auf solche Art, wie es mit der Erde, dem Monde,
der Venus, augenscheinlich vorgegangen seyn muss, die Oberfläche uneben geworden; so hat sie nicht das Gleichgewicht
des Umschwunges in ihrer Achsendrehung mehr auf allen Seiten
leisten können[22]. Einige hervorragende Theile von beträchtlicher Masse, welche auf der entgegengesetzten Seite keine
andere fanden, die ihnen die Gegenwirkung des Schwunges
leisten konten, musten alsbald die Achse der Umdrehung verrücken, und sie in solchen Stand zu setzen suchen, um welchen die Materien sich im [71] Gleichgewichte aufhielten.
Eben dieselbe Ursache also, die bey der völligen Ausbildung
eines Himmelskörpers seine Oberfläche aus dem waagerechten
Zustande in abgebrochene Ungleichheiten versetzte; diese allgemeine Ursache, die bey allen Himmelskörpern, welche das
Fernglas deutlich genug entdecken kan, wahrgenommen wird,
hat sie in die Nothwendigkeit versetzet, die ursprüngliche
Stellung ihrer Achse etwas zu verändern. Allein diese Veränderung hat ihre Grenzen, um nicht gar zu weit auszuschweifen. Die Ungleichheiten erzeugen sich, wie schon

erwehnt, mehr neben dem Aeqvator einer umdrehenden Himmelskugel, als weit von demselben; zu den Polen hin verlieren sie sich fast gar, wovon die Ursachen anzuführen, ich andere Gelegenheit vorbehalte. Daher werden die am meisten über die gleiche Fläche hervorragende Massen nahe bei dem Aequinoctialzirkel anzutreffen seyn, und indem dieselbe, durch den Vorzug des Schwunges, diesem sich zu nähern streben, werden sie höchstens nur um einige Grade die Achse des Himmelskörpers, aus der senkrechten Stellung von der Fläche seiner Bahn, erheben können. Diesem zu Folge wird ein Himmelskörper, der sich noch nicht völlig ausgebildet hat, diese rechtwinklichte Lage der Achse zu seinem Laufkreise noch an sich haben, die er vielleicht nur in der Folge langer Jahrhunderte ändern wird. Jupiter scheinet noch in diesem Zustande zu seyn. Der Vorzug seiner Masse und Grösse, die Leichtigkeit seines Stoffes, haben ihn genöthiget, den festen Ruhestand seiner Materien einige Jahrhunderte [**72**] später, als andere Himmelskörper, zu überkommen. Vielleicht ist das innere seines Klumpens noch in der Bewegung, die Theile seines Zusammensatzes zu dem Mittelpunkte, nach Beschaffenheit ihrer Schwere, zu senken, und durch die Scheidung der dünnern Gattungen von den schweren, den Stand der Festigkeit zu überkommen. Bei solcher Bewandniss kan es auf seiner Oberfläche noch nicht ruhig aussehen. Die Umstürzungen und Ruine herrschen auf derselben. Selbst das Fernglas hat uns davon versichert. Die Gestalt dieses Planeten ändert sich beständig, da indessen der Mond, die Venus, die Erde, dieselbe unverändert erhalten. Man kan auch wohl mit Recht die Vollendung der Periode der Ausbildung bey einem Himmelskörper einige Jahrhunderte später gedenken, der unsere Erde an Grösse mehr wie zwanzigtausendmal übertrifft, und an Dichtigkeit 4 mal nachstehet. Wenn seine Oberfläche eine ruhige Beschaffenheit wird erreichet haben; so werden ohne Zweifel weit grössere Ungleichheiten, als die, so die Erdfläche bedecken, mit der Schnelligkeit seines Schwunges verbunden, seiner Umwendung in nicht gar langem Zeitlaufe diejenige beständige Stellung ertheilen, die das Gleichgewicht der Kräfte auf ihm erheischen wird.

Saturn, der 3 mal kleiner, als Jupiter ist, kan vielleicht durch seinen weitern Abstand einen Vorzug einer geschwinderen Ausbildung vor diesem erhalten haben [23]: zum wenigsten macht die viel schnellere [**73**] Achsendrehung desselben, und das grosse Verhältniss seiner Centerfliehkraft zu der Schweere

auf seiner Oberfläche, (welches in dem folgenden Hauptstücke
soll dargethan werden), dass die vermuthlich auf derselben
dadurch erzeugte Ungleichheiten, gar bald den Ausschlag auf
die Seite der Ueberwucht, durch eine Vorrückung der Achse,
gegeben haben. Ich gestehe freymüthig, dass dieser Theil
meines Systems, welcher die Stellung der planetischen Achsen
betrifft, noch unvollkommen und ziemlich weit entfernt sey,
der geometrischen Rechnung unterworfen zu werden. Ich habe
dieses lieber aufrichtig entdecken wollen, als durch allerhand
erborgte Scheingründe der Tüchtigkeit, der übrigen Lehrverfassung Abbruch zu thun, und ihr eine schwache Seite zu
geben. Nachfolgendes Hauptstück kan eine Bestätigung von
der Glaubwürdigkeit der ganzen Hypothese abgeben, wodurch
wir die Bewegungen des Weltbaues haben erklären wollen.

[74]   **Fünftes Hauptstück,**
                              von dem
**Ursprunge des Ringes des Saturns, und Berechnung
der täglichen Umdrehung dieses Planeten aus den
                   Verhältnissen desselben.**

Vermöge der systematischen Verfassung im Weltgebäude
hängen die Theile derselben durch eine stufenartige Abänderung
ihrer Eigenschaften zusammen, und man kan vermuthen, dass
ein in der entlegensten Gegend der Welt befindlicher Planet
ohngefehr solche Bestimmungen haben werde, als der nächste
Comet überkommen möchte, wenn er durch die Verminderung
der Eccentricität in das planetische Geschlecht erhoben würde.
Wir wollen demnach den Saturn so ansehen, als wenn er auf
eine, der cometischen Bewegung ähnliche Art, etliche Umläufe
mit grösserer Eccentricität zurück geleget habe, und nach und
nach zu einem dem Zirkel ähnlichern Gleise gebracht worden *).
Die Hitze, die sich ihm in seiner Sonnennähe einverleibete,
erhob den leichten Stoff von seiner Oberfläche, der, [75] wie
wir aus den vorigen Hauptstücken wissen, bey denen obersten
Himmelskörpern von überschwenglicher Dünnigkeit ist, sich
von geringen Graden Wärme ausbreiten zu lassen. Indessen,

---

*) Oder welches wahrscheinlicher ist, dass er in seiner Cometen-
ähnlichen Natur, die er auch noch jetzo vermöge seiner Eccentricität an sich hat, bevor der leichteste Stoff seiner Oberfläche völlig
zerstreuet worden, eine cometische Atmosphäre ausgebreitet habe.

nachdem der Planet in etlichen Umschwüngen zu dem Abstande, da er jetzt schwebet, gebracht worden; verlohr er in einem so gemässigten Clima nach und nach die empfangene Wärme, und die Dünste, welche von seiner Oberfläche sich noch immer um ihn verbreiteten, liessen nach und nach ab, sich bis in Schweifen zu erheben. Es stiegen auch nicht mehr neue so häufig auf, um die alten zu vermehren: kurz, die schon ihn umgebenden Dünste blieben durch Ursachen, welche wir gleich anführen wollen, um ihn schweben, und erhielten ihm das Merkmal seiner ehemaligen cometenähnlichen Natur in einem beständigen Ringe, indessen, dass sein Körper die Hitze verhauchte, und zuletzt ein ruhiger und gereinigter Planet wurde. Nun wollen wir das Geheimniss anzeigen, das dem Himmelskörper seine aufgestiegene Dünste frey schwebend hat erhalten können, ja, sie aus einer rund um ihn ausgebreiteten Atmosphäre, in die Form eines allenthalben abstehenden Ringes, verändert hat. Ich nehme an: Saturn habe eine Umdrehung um die Achse gehabt; und nichts mehr, als dieses, ist nöthig, um das ganze Geheimniss aufzudecken. Kein anderes Triebwerk, als dieses einzige, hat durch einen unmittelbaren mechanischen Erfolg, gedachtes Phänomenon dem Planeten zuwege gebracht; und ich getraue es mir zu behaupten, dass in der ganzen [**76**] Natur nur wenig Dinge auf einen so begreiflichen Ursprung können gebracht werden, als diese Besonderheit des Himmels, aus dem rohen Zustande der ersten Bildung sich entwickeln lässt.

Die von dem Saturn aufsteigende Dünste hatten die Bewegung an sich, und setzten sie in der Höhe, dahin sie aufgestiegen waren, frey fort, die sie, als dessen Theile bey seiner Umdrehung um die Achse, gehabt hatten. Die Theilchen, die nahe beym Aeqvator des Planeten aufstiegen, müssen die schnellste, und weiter davon ab zu den Polen, um so viel schwächere Bewegungen gehabt haben, je grösser die Breite des Orts war, von dem sie aufstiegen. Das Verhältniss der specifischen Schwere ordnete den Partikeln die verschiedentliche Höhen, zu denen sie aufstiegen; aber nur diejenige Partikeln konnten die Oerter ihres Abstandes in einem beständig freyen Zirkelumschwunge behaupten, deren Entfernungen, in die sie versetzt waren, eine solche Centralkraft erheischeten, als diese mit der Geschwindigkeit, welche ihnen von der Achsendrehung eigen war, leisten konten; die übrigen, wofern sie durch die Wechselwirkung der andern nicht zu dieser

Genauheit gebracht werden können, müssen entweder mit dem
Uebermaasse der Bewegung aus der Sphäre des Planeten sich
entfernen, oder durch den Mangel derselben, auf ihn zurück
zu sinken, genöthiget werden. Die durch den ganzen Umfang
der Dunstkugel zerstreute Theilchen werden, vermöge eben
derselben Centralgesetze, in der Bewegung [77] ihres Umschwunges, die fortgesetzte Aeqvatorsfläche des Planeten von
beyden Seiten zu durchschneiden trachten, und, indem sie einander in diesem Plane von beyden Hemisphärien einander aufhalten, werden sie sich daselbst häufen; und, weil ich setze,
dass gedachte Dünste diejenige sind, die der Planet zu seiner
Verkühlung zuletzt herauf schickt, wird alle zerstreuete Dunst-
materie sich neben diesem Plane in einem nicht gar breiten
Raume sammlen, und die Räume zu beyden Seiten leer lassen.
In dieser neuen und veränderten Richtung aber werden sie
dennoch eben dieselbe Bewegung fortsetzen, welche sie, in
freyen concentrischen Zirkelumläufen, schwebend erhält. Auf
solche Weise nun ändert der Dunstkreiss seine Gestalt, welche
eine erfüllte Sphäre war, in eine Form einer ausgebreiteten
Fläche, welche gerade mit dem Aeqvator des Saturns zusammen
trifft; aber auch diese Fläche muss aus eben denselben mechanischen Gründen zuletzt die Form eines Ringes annehmen,
dessen äusserer Rand durch die Wirkung der Sonnenstrahlen
bestimmet wird, welche diejenige Theilchen, die sich bis zu
gewisser Weite von dem Mittelpunkte des Planeten entfernet
haben, durch ihre Kraft zerstreuet und entfernet, so wie sie
es bey den Cometen thut, und dadurch die auswendige Grenze
ihres Dunstkreises abzeichnet. Der inwendige Rand dieses
entspringenden Ringes wird durch die Verhältnisse der Geschwindigkeit des Planeten unter seinem Aeqvator bestimmt.
Denn in demjenigen Abstande von seinem Mittelpunkte, da
diese Geschwindigkeit [78] mit der Attraction des Orts das
Gleichgewichte leistet, da ist die grösste Nähe, in welcher die
von seinem Körper aufgestiegene Theilchen, durch die der
Achsendrehung eigene Bewegung, Zirkelkreise beschreiben
können. Die nähern Theilchen, weil sie einer grössern Geschwindigkeit zu solchem Umlaufe bedürfen, die sie doch nicht
haben können, weil selbst auf dem Aeqvator des Planeten die
Bewegung nicht schneller ist, werden dadurch eccentrische
Läufe erhalten, die einander durchkreutzen, eine der andern
Bewegung schwächen, und endlich insgesammt auf den Planeten niederstürzen, von dem sie sich erhoben hatten. Da

sehen wir nun das wunderseltsame Phänomenon, dessen Anblick seit seiner Entdeckung die Astronomen jederzeit in Be-
wunderung gesetzet hat, und, dessen Ursache zu entdecken,
man niemals, auch nur eine wahrscheinliche, Hoffnung hat
fassen können, auf eine leichte von aller Hypothese befreyete
mechanische Art entstehen. Was dem Saturn widerfahren ist,
das würde, wie hieraus leicht ersehen werden kan, einem jeden
Cometen, der genugsame Achsendrehung hätte, wenn er in
eine beständige Höhe versetzt würde, in der sein Körper nach
und nach verkühlen könte, eben so regelmässig wiederfahren.
Die Natur ist an vortreflichen Auswickelungen, in dem sich
selbst gelassenen Zustande ihrer Kräfte, sogar im Chaos fruchtbar, und die darauf folgende Ausbildung bringet so herrliche
Beziehungen und Uebereinstimmungen zum gemeinsamen Nutzen
der Creatur mit sich, dass sie sogar, in den ewigen und unwandelbaren [79] Gesetzen ihrer wesentlichen Eigenschaften,
dasjenige grosse Wesen mit einstimmiger Gewissheit zu erkennen geben, in welchem sie, vermittelst ihrer gemeinschaftlichen Abhängigkeit, sich zu einer gesammten Harmonie vereinbaren. Saturn hat von seinem Ringe grosse Vortheile; er
vermehret seinen Tag, und erleuchtet unter so viel Monden
dessen Nacht dermassen, dass man daselbst leichtlich die Abwesenheit der Sonne vergisst. Aber, muss man denn deswegen
leugnen, dass die allgemeine Entwickelung der Materie durch
mechanische Gesetze, ohne andere, als ihre allgemeine Bestimmungen, zu bedürfen, habe Beziehungen hervorbringen
können, die der vernünftigen Creatur Nutzen schaffen? Alle
Wesen hängen aus einer Ursache zusammen, welche der Verstand GOttes ist; sie können dahero keine andere Folgen nach
sich ziehen, als solche, die eine Vorstellung der Vollkommenheit in eben derselben göttlichen Idee mit sich führen.
   Wir wollen nunmehro die Zeit der Achsendrehung dieses
Himmelskörpers aus den Verhältnissen seines Ringes, nach der
angeführten Hypothese seiner Erzeugung, berechnen. Weil
alle Bewegung der Theilchen des Ringes, eine einverleibte Bewegung von der Achsendrehung des Saturns ist, auf dessen
Oberfläche sie sich befanden; so trifft die schnelleste Bewegung
unter denen, die diese Theilchen haben, mit der schnellesten
Umwendung, die auf der Oberfläche des Saturns angetroffen
wird, [80] überein, das ist: die Geschwindigkeit, womit die
Partikeln des Ringes in seinem inwendigen Rande umlaufen,
ist derjenigen, die der Planet auf seinem Aeqvator hat, gleich.

Man kan aber jene leicht finden, indem man sie aus der Geschwindigkeit eines von den Saturnustrabanten suchet, dadurch, dass man selbige, in dem Verhältnisse der Qvadratwurzel der Entfernungen von dem Mittelpunkte des Planeten, nimmt. Aus der gefundenen Geschwindigkeit ergiebt sich unmittelbar die Zeit der Umdrehung des Saturns um seine Achse; sie ist von **sechs Stunden, drey und zwanzig Minuten, und drey und funfzig Secunden.** Diese mathematische Berechnung einer unbekannten Bewegung eines Himmelskörpers, die vielleicht die einzige Vorherverkündigung ihrer Art in der eigentlichen Naturlehre ist, erwartet von den Beobachtungen künftiger Zeiten die Bestätigung [24]. Die noch zur Zeit bekannte Ferngläser vergrössern den Saturn nicht so sehr, dass man die Flecken, die man auf seiner Oberfläche vermuthen kan, dadurch entdecken könnte, um durch deren Verrückung seine Umwendung um die Achse zu ersehen. Allein die Sehröhre haben vielleicht noch nicht alle diejenige Vollkommenheit erlanget, die man von ihnen hoffen kan, und welche der Fleiss und die Geschicklichkeit der Künstler uns zu versprechen scheinet. Wenn man dereinst dahin gelangete, unsern Muthmassungen den Ausschlag durch den Augenschein zu geben, welche Gewissheit würde die Theorie des Saturns, und was vor eine vorzügliche [81] Glaubwürdigkeit würde das ganze System dadurch nicht erlangen, das auf den gleichen Gründen errichtet ist. Die Zeit der täglichen Umdrehung des Saturns führet auch die Verhältniss, der den Mittelpunkt fliehenden Kraft seines Aeqvators, zur Schweere auf seiner Oberfläche mit sich; sie ist zu dieser, wie 20 : 32. Die Schweere ist also nur um $\frac{3}{5}$ grösser, als die Centerfliehkraft. Dieses so grosse Verhältniss verursachet nothwendig einen sehr beträchtlichen Unterscheid der Durchmesser dieses Planeten, und man könte besorgen, dass er so gross entspringen müsste, dass die Beobachtung bey diesem, ob zwar wenig, durch das Fernglas vergrösserten Planeten, dennoch gar zu deutlich in die Augen fallen müsste, welches wirklich nicht geschiehet, und die Theorie dadurch einen nachtheiligen Anstoss erleiden könte. Eine gründliche Prüfung hebet diese Schwierigkeit völlig. Nach der Huygenianischen Hypothese, welche annimmt, dass die Schweere in dem innern eines Planeten durch und durch gleich sey, ist der Unterscheid der Durchmesser in einer zweyfach kleinern Verhältniss zu dem Durchmesser des Aeqvators, als die Centerfliehkraft zur Schweere unter den Polen hat. Z. E.

da bey der Erde, die den Mittelpunkt fliehende Kraft des Aeqvators $\frac{1}{289}$ der Schweere unter den Polen ist; so muss in der Huygenianischen Hypothese der Durchmesser der Aeqvatorsfläche $\frac{1}{578}$ grösser, als die Erdachse seyn. Die Ursache ist diese: weil, da die Schweere der Voraussetzung gemäss, in dem innern des Erdklumpens, in allen Nähen zum Mittelpunkte [82] so gross, wie auf der Oberfläche ist, die Centrifugalkraft aber mit den Annäherungen zum Mittelpunkte abnimmt, selbige nicht allenthalben $\frac{1}{289}$ der Schweere ist, sondern vielmehr die ganze Verminderung des Gewichtes der flüssigen Säule in der Aeqvatorsfläche aus diesem Grunde nicht $\frac{1}{289}$, sondern die Hälfte davon, d. i. $\frac{1}{578}$, desselben beträgt. Dagegen hat in der Hypothese des Newton die Centerfliehkraft, welche die Achsendrehung erreget, in der ganzen Fläche des Aeqvators, bis zum Mittelpunkte, eine gleiche Verhältniss zur Schweere des Orts: weil diese in dem innern des Planeten, (wenn er durch und durch von gleichförmiger Dichtigkeit angenommen wird), mit dem Abstande vom Mittelpunkte in derselben Proportion, als die Centerfliehkraft, abnimmt, mithin diese jederzeit $\frac{1}{289}$ der erstern ist. Dieses verursachet eine Erleichterung der flüssigen Säule in der Aeqvatorsfläche, und auch die Erhebung derselben um $\frac{1}{289}$, welcher Unterschied der Durchmesser in diesem Lehrbegriffe noch dadurch vermehret wird, dass die Verkürzung der Achse eine Annäherung der Theile zum Mittelpunkte, mithin eine Vermehrung der Schweere; die Verlängerung des Aeqvatordurchmessers aber eine Entfernung der Theile von eben demselben Mittelpunkte, und daher eine Verringerung ihrer Gravität mit sich führet, und aus diesem Grunde die Abplattung des Newtonischen Sphäroids so vermehret, dass der Unterscheid der Durchmesser von $\frac{1}{289}$ bis zu $\frac{1}{230}$ erhoben wird [25]).

[83] Nach diesen Gründen müsten die Durchmesser des Saturns noch in grösserem Verhältnisse, als das von 20 zu 32 ist, gegen einander seyn; sie müsten der Proportion von 1 zu 2 beynahe gleich kommen. Ein Unterscheid, der so gross ist, dass die geringste Aufmerksamkeit ihn nicht fehlen würde, so klein auch Saturn durch die Ferngläser erscheinen mag. Allein hieraus ist nur zu ersehen, dass die Voraussetzung der gleichförmigen Dichtigkeit, welche bey dem Erdkörper ziemlich richtig angebracht zu seyn scheinet, beym Saturn gar zu weit von der Warheit abweiche; welches schon an sich selber bey einem Planeten wahrscheinlich ist, dessen Klumpen dem

grossesten Theile, seines Inhaltes nach, aus den leichtesten
Materien bestehet, und denen von schwererer Art in seinem
Zusammensatze, bevor er den Zustand der Festigkeit bekommt,
die Niedersinkung zum Mittelpunkte, nach Beschaffenheit ihrer
Schweere, weit freyer verstattet, als diejenige Himmelskörper,
deren viel dichterer Stoff den Niedersatz der Materien ver-
zögert, und sie, ehe diese Niedersinkung geschehen kan, fest
werden lässt. Indem wir also beym Saturn voraussetzen, dass
die Dichtigkeit seiner Materien, in seinem Innern, mit der Annäherung zum Mittelpunkte zunehme, so nimmt die Schweere
nicht mehr in diesem Verhältnisse ab; sondern die wachsende
Dichtigkeit ersetzt den Mangel der Theile, die über die Höhe
des in dem Planeten befindlichen Punkts gesetzt seyn, und
durch ihre Anziehung zu dessen [84] Gravität nichts beytragen*).
Wenn diese vorzügliche Dichtigkeit der tiefsten Materien sehr
gross ist; so verwandelt sie, vermöge der Gesetze der Anziehung, die zum Mittelpunkte hin in dem innern abnehmende
Schweere in eine fast gleichförmige, und setzet das Verhältniss
der Durchmesser dem Huygenischen nahe, welches immer die
Hälfte von dem Verhältniss zwischen der Centrifugalkraft und
der Schweere ist, folglich, da diese gegen einander wie 2 : 3
waren; so wird der Unterscheid der Durchmesser dieses Pla-
neten nicht $\frac{1}{3}$, sondern $\frac{1}{6}$ des Aeqvatordurchschnitts seyn:
welcher Unterscheid schlüsslich noch dadurch verborgen wird,
weil Saturn, dessen Achse mit der Fläche seiner Bahn jederzeit einen Winkel von 31 Graden macht, die Stellung desselben
gegen seinen Aeqvator niemals, wie beym Jupiter, gerade zu
darbietet, welches den vorigen Unterscheid fast um den dritten
Theil, dem Scheine nach, vermindert. Man kan bey solchen
Umständen, und vornemlich bey der so grossen Weite dieses
Planeten leicht erachten: dass die [85] abgeplattete Gestalt
seines Körpers nicht so leicht, als man wohl denken solte, in
die Augen fallen werde; dennoch wird die Sternwissenschaft,
deren Aufnehmen vornemlich auf die Vollkommenheit der

---

*) Denn nach den Newtonischen Gesetzen der Attraction wird
ein Körper, der sich in dem inwendigen einer Kugel befindet, nur
von demjenigen Theile derselben angezogen, der in der Weite,
welche jener vom Mittelpunkte hat, um diesen sphärisch beschrieben
worden. Der ausser diesem Abstande befindliche concentrische
Theil thut, wegen des Gleichgewichts seiner Anziehungen, die einander aufheben, nichts dazu, weder den Körper zum Mittelpunkte
hin, noch von ihm weg, zu bewegen.

Werkzeuge ankommt, die Entdeckung einer so merkwürdigen
Eigenschaft, wo ich mir nicht zu sehr schmeichle, durch derselben Hülfe vielleicht zu erreichen, in den Stand gesetzet
werden.

Was ich von der Figur des Saturns sage, kan gewissermassen der Naturlehre des Himmels zu einer allgemeinen Bemerkung dienen. Jupiter, der, nach einer genauen Ausrechnung, eine Verhältniss der Schweere zur Centrifugalkraft auf
seinem Aeqvator wenigstens wie $9\frac{1}{4}$: 1 hat, solte, wenn sein
Klumpen durch und durch von gleichförmiger Dichtigkeit wäre,
nach den Lehrsätzen des Newton, einen noch grössern Unterscheid, als $\frac{1}{9}$, zwischen seiner Achse und dem Aeqvatorsdurch-
messer, an sich zeigen. Allein Cassini hat ihn nur $\frac{1}{16}$, Ponet
$\frac{1}{12}$, bisweilen $\frac{1}{14}$ befunden; wenigstens stimmen alle diese verschiedene Beobachtungen, welche durch ihren Unterscheid die
Schwierigkeit dieser Abmessung bestätigen, darin überein, sie
viel kleiner zu setzen, als sie es nach dem System des Newton,
oder vielmehr nach seiner Hypothese, von der gleichförmigen
Dichtigkeit seyn solte. Und wenn man daher die Voraussetzung der gleichförmigen Dichtigkeit, welche die so grosse
Abweichung der Theorie von der Beobachtung veranlasset, in
die viel wahrscheinlichere verändert, da die Dichtigkeit des
[86] planetischen Klumpens zu seinem Mittelpunkte hinzuneh-
mend gesetzet wird; so wird man nicht allein an dem Jupiter
die Beobachtung rechtfertigen, sondern auch bey dem Saturn,
einem viel schwerer abzumessenden Planeten, die Ursache einer
minderen Abplattung seines sphäroidischen Körpers deutlich
einsehen können.

Wir haben aus der Erzeugung des saturnischen Ringes Anlass genommen, den kühnen Schritt zu wagen, die Zeit der
Achsendrehung, welche die Ferngläser zu entdecken nicht vermögen, ihm durch Rechnung zu bestimmen. Lasset uns diese
Probe einer physischen Vorhersagung, noch mit einer andern,
an eben diesem Planeten vermehren, welche von vollkomme-
neren Werkzeugen künftiger Zeiten das Zeugniss ihrer Richtigkeit zu erwarten hat.

Der Voraussetzung gemäss: dass der Ring des Saturns eine
Häufung der Theilchen sey, die, nachdem sie von der Oberfläche dieses Himmelskörpers als Dünste aufgestiegen, sich
vermöge des Schwunges, den sie von der Achsendrehung desselben an sich haben und fortsetzen, in der Höhe ihres Abstandes frey in Zirkeln laufend erhalten, haben dieselbe nicht

in allen ihren Entfernungen vom Mittelpunkte, gleiche periodische Umlaufszeiten; sondern diese verhalten sich vielmehr, wie die Qvadratwurzeln, aus den Würfeln ihres Abstandes, wenn sie sich durch die Gesetze der Centralkräfte schwebend erhalten sollen. Nun ist die Zeit, darinn, nach dieser Hypothese, die Theilchen des inwendigen Randes [87] ihren Umlauf verrichten, ohngefehr von 10 Stunden [26]), und die Zeit des Zirkellaufs der Partikeln im auswendigen Rande ist, nach gehöriger Ausrechnung, 15 Stunden; also, wenn die niedrigsten Theile des Ringes ihren Umlauf 3 mal verrichtet haben, haben es die entfernetesten nur 2 mal gethan. Es ist aber wahrscheinlich, man mag die Hinderniss, die die Partikeln bey ihrer grossen Zerstreuung in der Ebene des Ringes einander leisten, so gering schätzen, als man will, dass das Nachbleiben der entferntern Theilchen, bey jeglichem ihrer Umläufe, die schneller bewegte niedrige Theile nach und nach verzögern und aufhalten: dagegen diese denen obern einen Theil ihrer Bewegung, zu einer geschwindern Umwendung, eindrücken müssen, welches, wenn diese Wechselwirkung nicht endlich unterbrochen würde, so lange dauren würde, bis die Theilchen des Ringes alle dahin gebracht wären, sowohl die niedrigen, als die weitern, in gleicher Zeit sich herumzuwenden, als in welchem Zustande sie in respectiver Ruhe gegen einander seyn, und durch die Wegrückung keine Wirkung in einander thun würden. Nun würde aber ein solcher Zustand, wenn die Bewegung des Ringes dahin ausschlüge, denselben gänzlich zerstören, weil, wenn man die Mitte von der Ebene des Ringes nimmt, und setzet, dass daselbst die Bewegung in dem Zustande verbleibe, darinn sie vorher war und seyn muss, um einen freyen Zirkellauf leisten zu können, die untern Theilchen, weil sie sehr zurück gehalten worden, sich nicht in ihrer Höhe schwebend erhalten, sondern [88] in schiefen und eccentrischen Bewegungen einander durchkreutzen, die entferntern aber durch den Eindruck einer grössern Bewegung, als sie vor die Centralkraft ihres Abstandes seyn soll, weiter von der Sonne abgewandt, als die Sonnenwirkung die äussere Grenze des Ringes bestimmt, durch dieselbe hinter dem Planeten zerstreuet und fortgeführet werden müsten.

Allein man darf alle diese Unordnung nicht befürchten. Der Mechanismus der erzeugenden Bewegung des Ringes führet auf eine Bestimmung, die denselben, vermittelst eben der Ursachen, die ihn zerstören sollen, in einen sichern Zustand ver-

setzet, dadurch, dass er in etliche concentrische Zirkelstreifen
getheilet wird, welche wegen der Zwischenräume, die sie absondern, keine Gemeinschaft mehr unter einander haben[27]). Denn
indem die Partikeln, die in dem inwendigen Rande des Ringes
umlaufen, die obere durch ihre schnellere Bewegung etwas
fortführen, und ihren Umlauf beschleunigen; so verursachen
die vermehrten Grade der Geschwindigkeit in diesen ein Ueber-
maass der Centrifugalkraft, und eine Entfernung von dem Orte,
da sie schwebeten. Wenn man aber voraussetzet, dass, indem
dieselbe sich von den niedrigen zu trennen bestreben, sie einen
gewissen Zusammenhang zu überwinden haben, der, ob es
zwar zerstreuete Dünste seyn, dennoch bey diesen nicht ganz
nichts bedeutend zu seyn scheinet; so wird dieser vermehrte
Grad des Schwunges gedachten Zusammenhang zu überwinden
[89] trachten: aber selbigen nicht überwinden, so lange der
Ueberschuss der Centerflichkraft, die er in gleicher Umlaufszeit mit den niedrigsten anwendet, über die Centralkraft ihres
Orts, dieses Anhängen nicht übertrifft. Und aus diesem Grunde
muss in einer gewissen Breite eines Streifens von diesem Ringe,
obgleich, weil dessen Theile in gleicher Zeit ihren Umlauf
verrichten, die obere eine Bestrebung anwenden, sich von den
untern abzureissen, dennoch der Zusammenhang bestehen, aber
nicht in grösserer Breite, weil, indem die Geschwindigkeit
dieser in gleichen Zeiten unbewegten Theilchen, mit den Entfernungen, also mehr, als sie es nach den Centralgesetzen
thun solte, zunimmt, wenn sie den Grad überschritten hat,
den der Zusammenhang der Dunsttheilchen leisten kan, von
diesen sich abreissen und einen Abstand annehmen müssen,
welcher dem Ueberschusse der Umwendungskraft über die Centralkraft des Orts gemäss ist. Auf diese Weise wird der
Zwischenraum bestimmet, der den ersten Streifen des Ringes
von den übrigen absondert; und auf gleiche Weise macht die
beschleunigte Bewegung der obern Theilchen, durch den
schnellen Umlauf der untern, und der Zusammenhang derselben,
welcher die Trennung zu hindern trachtet, den zweyten concentrischen Ring, von welchem der dritte um eine mässige
Zwischenweite abstehet. Man könte die Zahl dieser Zirkelstreifen, und die Breite ihrer Zwischenräume, ausrechnen, wenn
der Grad des Zusammenhanges bekannt wäre, welcher die Theilchen an einander hängt; allein wir können [90] uns begnügen,
überhaupt die Zusammensetzung des Saturnischen Ringes, die
dessen Zerstörung vorbeugt, und ihn durch freye Bewegungen

schwebend erhält, mit gutem Grunde der Wahrscheinlichkeit
errathen zu haben.

Diese Muthmassung vergnüget mich nicht wenig, vermittelst der Hoffnung, selbige noch wohl dereinst durch wirkliche
Beobachtungen bestätiget zu sehen. Vor einigen Jahren ver-
lautete aus London, dass, indem man mit einem neuen, vom
Herrn Bradley verbesserten Newtonischen Sehrohre, den Saturn
beobachtete, es geschienen habe, sein Ring sey eigentlich eine
Zusammensetzung von vielen concentrischen Ringen, welche
durch Zwischenräume abgesondert wären. Diese Nachricht
ist seitdem nicht fortgesetzt worden*). Die [91] Werkzeuge
des Gesichts haben die Kenntnisse der äussersten Gegenden
des Weltgebäudes dem Verstande eröfnet. Wenn es nun vornemlich auf sie ankommt, neue Schritte darinn zu thun; so
kan man von der Aufmerksamkeit des Jahrhunderts auf alle
dasjenige, was die Einsichten der Menschen erweitern kan,
wohl mit Wahrscheinlichkeit hoffen, dass sie sich vornemlich
auf eine Seite wenden werde, welche ihr die grösste Hoffnung
zu wichtigen Entdeckungen darbietet.

Wenn aber Saturn so glücklich gewesen, sich einen Ring
zu verschaffen, warum ist denn kein anderer Planet mehr
dieses Vortheils theilhaftig worden? die Ursache ist deutlich.

---

*) Nachdem ich dieses aufgesetzet; finde ich in den Memoires der
königl. Academie der Wissenschaften zu Paris vom Jahre 1705 in einer
Abhandlung des Herrn Cassini, von den Trabanten und dem
Ringe des Saturns, auf der 571sten Seite des zweyten Theils
der v. Steinwehrschen Uebersetzung, eine Bestätigung dieser Vermuthung, die fast keinen Zweifel ihrer Richtigkeit mehr übrig lässt.
Nachdem Herr Cassini einen Gedanken vorgetragen, der gewisser
massen eine kleine Annäherung zu derjenigen Wahrheit hätte seyn
können, die wir herausgebracht haben, ob er gleich an sich unwahrscheinlich ist: nemlich, dass vielleicht dieser Ring ein Schwarm
kleiner Trabanten sein möchte, die vom Saturn aus, eben so anzusehen wären, als die Milchstrasse von der Erde aus erscheinet
(Welcher Gedanke Platz finden kan, wenn man vor diese kleine
Trabanten die Dunsttheilchen nimmt, die mit eben der gleichen
Bewegung sich um ihn schwingen); so sagt er ferner: Diesen Gedanken bestätigten die Observationen, die man in den Jahren gemacht, da der Ring des Saturns breiter und offener schien. Denn
man sahe die Breite des Ringes durch eine dunkle elliptische Linie,
deren nächster Theil, nach der Kugel zu, heller war, als der ent-
fernteste, in zween Theile getheilet. Diese Linie bemerkte gleichsam einen kleinen Zwischenraum zwischen den zween Theilen, so
wie die Weite der Kugel vom Ringe, durch die grösste Dunkelheit
zwischen beyden, angezeiget wird.

Weil ein Ring aus den Ausdünstungen eines Planeten, der
sie bey seinem [92] rohen Zustande aushauchet, entstehen soll,
und die Achsendrehung dieser den Schwung geben muss, den
sie nur fortzusetzen haben, wenn sie in die Höhe gelanget
seyn, da sie mit dieser eingepflanzten Bewegung der Gravitation gegen den Planeten gerade das Gleichgewicht leisten
können; so kan man leicht durch Rechnung bestimmen, zu
welcher Höhe die Dünste von einem Planeten aufsteigen müssen,
wenn sie durch die Bewegungen, die sie unter dem Aeqvator
desselben hatten, sich in freyer Zirkelbewegung erhalten sollen,
wenn man den Durchmesser des Planeten, die Zeit seiner Umdrehung, und die Schweere auf seiner Oberfläche kennet. Nach
dem Gesetze der Centralbewegung wird die Entfernung eines
Körpers, der um einen Planeten mit einer dessen Achsendrehung gleichen Geschwindigkeit frey im Zirkel laufen kan, in
eben solchem Verhältnisse zum halben Durchmesser des Planeten seyn, als die den Mittelpunkt fliehende Kraft, unter dem
Aeqvator desselben, zur Schweere ist. Aus diesen Gründen
war die Entfernung des innern Randes des Saturnringes wie
8, wenn der halbe Diameter desselben wie 5 angenommen
wird, welche zwey Zahlen in demselben Verhältnisse wie
32 : 20 ist, die, so wie wir vorher bemerket haben, die Proportion zwischen der Schweere und der Centerfliehkraft unter
dem Aeqvator ausdrückt. Aus den gleichen Gründen, wenn
man setzte, dass Jupiter einen auf diese Art erzeugten Ring
haben solte, würde dessen kleinster halber Durchmesser die
halbe Dicke des Jupiter 10 mal übertreffen, welches gerade
[93] dahin treffen würde, wo sein äusserster Trabante um ihn
läuft, und daher sowohl aus diesen Gründen, als auch, weil
die Ausdünstung eines Planeten sich so weit von ihm nicht
ausbreiten kan, unmöglich ist. Wenn man verlangte zu wissen,
warum die Erde keinen Ring bekommen hat; so wird man
die Beantwortung in der Grösse des halben Durchmessers
finden, den nur sein innerer Rand hätte haben müssen, welcher
289 halbe Erddiameter müste gross geworden seyn. Bey den
langsamer bewegten Planeten entfernet sich die Erzeugung
eines Ringes noch weiter von der Möglichkeit; also bleibt
kein Fall übrig, da ein Planet auf die Weise, wie wir es erkläret haben, einen Ring hätte bekommen können, als derjenige, darinn der Planet ist, welcher ihn würklich hat, welches eine nicht geringe Bestärkung der Glaubwürdigkeit unserer
Erklärungsart ist [28]).

Was mich aber fast versichert macht, dass der Ring, welcher den Saturn umgiebet, ihm nicht auf diejenige allgemeine Art entstanden, und durch die allgemeine Bildungsgesetze erzeugt worden, die durch das ganze System der Planeten geherrschet, und dem Saturn auch seine Trabanten verschaffet hat, dass, sage ich, diese äusserliche Materie nicht ihren Stoff dazu hergegeben, sondern er ein Geschöpf des Planeten selber sey, der seine flüchtigsten Theile durch die Wärme erhoben, und ihnen durch seine eigene Achsendrehung den Schwung zur Umwendung ertheilet hat, ist dieses, dass der [94] Ring nicht so wie die andern Trabanten desselben, und wie überhaupt alle umlaufende Körper, die in der Begleitung der Hauptplaneten befindlich seyn, in der allgemeinen Beziehungsfläche der planetischen Bewegungen gerichtet ist, sondern von ihr sehr abweicht: welches ein sicherer Beweis ist, dass er nicht aus dem allgemeinen Grundstoffe gebildet, und seine Bewegung aus dessen Herabsinken bekommen, sondern von dem Planeten, nach längst vollendeter Bildung aufgestiegen, und durch dessen eingepflanzte Umschwungskräfte, als sein abgeschiedener Theil, eine sich auf desselben Achsendrehung beziehende Bewegung und Richtung, bekommen habe [29].

Das Vergnügen, eine von den seltensten Besonderheiten des Himmels, in dem ganzen Umfange ihres Wesens und Erzeugung, begriffen zu haben, hat uns in eine so weitläuftige Abhandlung verwickelt. Lasset uns mit der Vergünstigung unserer gefälligen Leser dieselbe, wo es beliebig, bis zur Ausschweiffung treiben, um, nachdem wir uns auf eine angenehme Art willkührlichen Meinungen, mit einer Art von Ungebundenheit, überlassen haben, mit desto mehrerer Behutsamkeit und Sorgfalt, wiederum zu der Wahrheit zurück zu kehren

Könte man sich nicht einbilden, dass die Erde eben sowohl, wie Saturn, ehemals einen Ring gehabt habe? Er möchte nun von ihrer Oberfläche eben so, wie Saturns seiner, aufgestiegen seyn, und habe sich lange Zeit erhalten, indessen dass die Erde von einer viel schnelleren Umdrehung, [95] als die gegenwärtige ist, durch, wer weiss was vor Ursachen, bis zu gegenwärtigem Grade aufgehalten worden, oder dass man dem abwerts sinkenden allgemeinen Grundstoffe es zutrauet, denselben nach den Regeln, die wir oben erkläret, gebildet zu haben, welches man so genau nicht nehmen muss, wenn man seine Neigung zum sonderbaren, vergnügen will. Allein, was vor ein Vorrath von schönen Erläuterungen und Folgen bietet

uns eine solche Idee dar. Ein Ring um die Erde! Welche
Schönheit eines Anblicks vor diejenige, die erschaffen waren,
die Erde als ein Paradies zu bewohnen; wie viel Beqvemlich-
keit vor diese, welche die Natur von allen Seiten anlachen
solte! Allein dieses ist noch nichts gegen die Bestätigung,
die eine solche Hypothese aus der Urkunde der Schöpfungsgeschichte entlehnen kan, und die vor diejenige keine geringe
Empfehlung zum Beyfalle ist, welche die Ehre der Offenbarung
nicht zu entweihen, sondern zu bestätigen glauben, wenn sie
sich ihrer bedienen, den Ausschweifungen ihres Witzes dadurch ein Ansehen zu geben. Das Wasser der Veste, deren
die Mosaische Beschreibung erwehnet, hat den Auslegern schon
nicht wenig Mühe verursachet. Könte man sich dieses Ringes
nicht bedienen, sich aus dieser Schwierigkeit heraus zu helfen?
Dieser Ring bestand ohne Zweifel aus wässrichten Dünsten;
und man hat ausser dem Vortheile, den er den ersten Bewohnern der Erde verschaffen konte, noch diesen, ihn im benö-
thigten Falle zerbrechen zu lassen, um die Welt, die solcher
[96] Schönheit sich unwürdig gemacht hatte, mit Ueberschwemmungen zu züchtigen. Entweder ein Comet, dessen Anziehung
die regelmässige Bewegungen seiner Theile in Verwirrung
brachte, oder die Verkühlung der Gegend seines Aufenthalts
vereinigte dessen zerstreuete Dunsttheile, und stürzte sie, in
einem der allergrausamsten Wolkenbrüche, auf den Erdboden
nieder. Man weiss leichtlich, was die Folge hievon war. Alle
Welt gieng im Wasser unter, und sog noch über dieses, in
denen fremden und flüchtigen Dünsten dieses unnatürlichen
Regens, denjenigen langsamen Gift ein, der alle Geschöpfe
dem Tode und der Zerstörung näher brachte. Nunmehro war
die Figur eines blassen und lichten Bogens von dem Hori-
zonte verschwunden, und die neue Welt, welche sich dieses
Anblicks niemals erinnern konte, ohne ein Schrecken vor dieses
fürchterliche Werkzeug der göttlichen Rache zu empfinden,
sahe vielleicht mit nicht geringer Bestürzung in dem ersten
Regen denjenigen farbigten Bogen, der, seiner Figur nach, den
erstern abzubilden schien, aber durch die Versicherung des
versöhnten Himmels, ein Gnadenzeichen und Denkmaal einer
fortwährenden Erhaltung des nunmehro veränderten Erdbodens,
seyn solte. Die Aehnlichkeit der Gestalt dieses Erinnerungs-
zeichens mit der bezeichneten Begebenheit, könte eine solche
Hypothese denenjenigen anpreisen, die der herrschenden Neigung ergeben sind, die Wunder der Offenbarung mit den

ordentlichen Naturgesetzen in ein System zu bringen. Ich finde
es vor rathsamer, den [97] flüchtigen Beyfall, den solche Uebereinstimmungen erwecken können, dem wahren Vergnügen völlig
aufzuopfern; welches aus der Wahrnehmung des regelmässigen
Zusammenhanges entspringet, wenn physische Analogien einander zur Bezeichnung physischer Wahrheiten unterstützen.

Sechstes Hauptstück,
von dem
Zodiakallichte.

Die Sonne ist mit einem subtilen und dunstigen Wesen
umgeben, welches in der Fläche ihres Aeqvators, mit einer
nur geringen Ausbreitung auf beyden Seiten, bis zu einer
grossen Höhe sie umgiebet, wovon man nicht versichert seyn
kan, ob es, wie Herr von Mairan es abbildet, in der Figur
eines erhaben geschliffenen Glases, (figura lenticulari,) mit der
Oberfläche der Sonne zusammen stösst, oder wie der Ring des
Saturns allenthalben von ihm abstehet.   Es sey nun das eine
oder das andere; so bleibet Aehnlichkeit genug übrig, um
dieses Phänomenon mit dem Ringe des Saturns in Vergleichung
zu stellen, und es aus einem übereinkommenden Ursprunge
herzuleiten.   Wenn diese ausgebreitete Materie ein Ausfluss
aus der Sonne ist, wie es denn am wahrscheinlichsten ist,
[98] sie davor zu halten; so wird man die Ursache nicht verr-
fehlen können, die sie auf die, dem Sonnenäqvator gemeine
Fläche gebracht hat.   Der leichteste und flüchtigste Stoff, den
das Sonnenfeuer von dessen Oberfläche erhebet, und schon
lange erhoben hat, wird durch derselben Wirkung weit über
sie fortgetrieben, und bleibet, nach Maasgebung seiner Leichtigkeit, in einer Entfernung schweben, wo die forttreibende
Wirkung der Strahlen der Schweere dieser Dunsttheilchen das
Gleichgewicht leistet, oder sie werden von dem Zuflusse neuer
Partikeln unterstützet, welche beständig zu ihnen hinzu kommen.
Nun, weil die Sonne, indem sie sich um die Achse drehet,
diesen von ihrer Oberfläche abgerissenen Dünsten ihre Bewegung gleichmässig eindrückt; so behalten dieselbe einen gewissen Schwung zum Umlaufe, wodurch sie von beyden Seiten,
den Centralgesetzen gemäss, in dem Zirkel ihrer Bewegung
die fortgesetzte Aeqvatorsfläche der Sonne zu durchschneiden,
bestrebt seyn; und daher, weil sie in gleicher Qvantität von

beyden Hemisphärien sich zu derselben hindringen, daselbst sich mit gleichen Kräften häufen, und eine ausgebreitete Ebene, in diesem auf dem Sonnenäqvator beziehenden Plan, formiren [30]).

Allein, ohnerachtet dieser Aehnlichkeit mit dem Saturnusringe, bleibt ein wesentlicher Unterschied übrig, welcher das Phänomenon des Zodiakallichtes von jenem sehr abweichend macht. Die Partikeln des erstern erhalten sich durch die eingepflanzte [99] Umdrehungsbewegung in frey schwebendem Zirkellaufe; allein die Theilchen des letztern werden durch die Kraft der Sonnenstrahlen in ihrer Höhe erhalten, ohne welcher die ihnen von der Sonnenumwendung beywohnende Bewegung gar weit fehlen würde, sie im freyen Umschwunge vom Falle abzuhalten. Denn, da die den Mittelpunkt fliehende Kraft der Achsendrehung auf der Oberfläche der Sonne noch nicht $\frac{1}{40000}$ der Attraction ist; so würden diese aufgestiegene Dünste 40000 halbe Sonnendiameter von ihr entfernet werden müssen, um in solcher Weite allererst eine Gravitation anzutreffen, die ihrer mitgetheilten Bewegung das Gleichgewicht leisten könte. Man ist also sicher, dieses Phänomenon der Sonne ihr nicht auf die, dem Saturnusringe gleiche Art zuzumessen.

Gleichwohl bleibet eine nicht geringe Wahrscheinlichkeit übrig, dass dieser Halsschmuck der Sonne vielleicht denselben Ursprung erkenne, den die gesammte Natur erkennet, nemlich die Bildung aus dem allgemeinen Grundstoff, dessen Theile, da sie in den höchsten Gegenden der Sonnenwelt herum geschwebet, nur allererst nach völlig vollendeter Bildung des ganzen Systems zu der Sonne, in einem späten Falle mit geschwächter, aber doch von Abend gegen Morgen gekrümmter Bewegung, herab gesunken, und, vermittelst dieser Art des Kreislaufes, die fortgesetzte Aeqvatorsfläche derselben durchschnitten, daselbst durch ihre Häufung von beyden Seiten, indem sie sich aufhielten, eine [100] in dieser Stellung ausgebreitete Ebene eingenommen haben, worinn sie sich zum Theil durch der Sonnenstrahlen Zurücktreibung, zum Theil durch ihre wirklich erlangte Kreissbewegung, jetzo in beständig gleicher Höhe erhalten. Die gegenwärtige Erklärung hat keine andere Würdigkeit, als diejenige, welche Muthmassungen zukommt, und keinen Anspruch, als nur auf einen willkührlichen Beyfall; das Urtheil des Lesers mag sich auf diejenige Seite wenden, welche ihm die annehmungswürdigste zu seyn dünket.

Siebendes Hauptstück,
von der
Schöpfung im ganzen Umfange ihrer Unendlichkeit,
sowohl dem Raume, als der Zeit nach.

Das Weltgebäude setzet durch seine unermessliche Grösse, und durch die unendliche Mannigfaltigkeit und Schönheit, welche aus ihr von allen Seiten hervorleuchtet, in ein stilles Erstaunen. Wenn die Vorstellung aller dieser Vollkommenheit nun die Einbildungskraft rühret; so nimmt den Verstand anderer Seits eine andere Art der Entzückung ein, wenn er betrachtet, wie so viel Pracht, so viel Grösse, aus einer einzigen allgemeinen Regel, [**101**] mit einer ewigen und richtigen Ordnung, abfliesset. Der planetische Weltbau, indem die Sonne aus dem Mittelpunkte aller Kreise, mit ihrer mächtigen Anziehung, die bewohnte Kugeln ihres Systems in ewigen Kreisen umlaufend macht, ist gänzlich, wie wir gesehen haben, aus dem ursprünglich ausgebreiteten Grundstoff aller Weltmaterie gebildet worden. Alle Fixsterne, die das Auge an der holen Tiefe des Himmels entdecket, und die eine Art von Verschwendung anzuzeigen scheinet, sind Sonnen und Mittelpunkte von ähnlichen Systemen. Die Analogie erlaubt es also hier nicht, zu zweifeln, dass diese auf die gleiche Art, wie das, darinn wir uns befinden, aus denen kleinsten Theilen der elementarischen Materie, die den leeren Raum, diesen unendlichen Umfang der göttlichen Gegenwart, erfüllete, gebildet und erzeuget worden.

Wenn nun alle Welten und Weltordnungen dieselbe Art ihres Ursprungs erkennen: wenn die Anziehung unbeschränkt und allgemein, die Zurückstossung der Elemente aber ebenfalls durchgehends wirksam, wenn bey dem unendlichen das grosse und kleine beyderseits klein ist; solten nicht alle die Weltgebäude gleichermassen eine beziehende Verfassung und systematische Verbindung unter einander angenommen haben, als die Himmelskörper unserer Sonnenwelt im kleinen, wie Saturn, Jupiter und die Erde, die vor sich insonderheit Systeme seyn, und dennoch unter einander als Glieder in einem [**102**] noch grössern zusammen hängen? Wenn man in dem unermesslichen Raume, darinn alle Sonnen der Milchstrasse sich gebildet haben, einen Punkt annimmt, um welchen durch, ich weiss nicht was vor eine Ursache, die erste Bildung der Natur aus dem Chaos angefangen hat; so wird daselbst die grösste Mssse, und ein Körper von der ungemeinsten Attraction, entstanden seyn, der dadurch fähig geworden, in einer ungeheuren Sphäre um sich alle in der Bildung begriffene Systeme zu nöthigen, sich gegen ihn, als ihren Mittelpunkt, zu senken, und um ihn ein gleiches System im Ganzen zu errichten, als derselbe elementarische Grundstoff, der die Planeten bildete, um die Sonne im Kleinen gemacht hat. Die Beobachtung macht diese Muthmassung beynahe ungezweifelt. Das Heer der Gestirne macht, durch seine beziehende Stellung gegen einen gemeinschaftlichen Plan, eben sowohl ein System aus, als die Planeten unseres Sonnenbaues um die Sonne. Die Milchstrasse ist der Zodiakus dieser höheren Weltordnungen, die von seiner Zone so wenig als möglich, abweichen, und deren Streif immer von ihrem Lichte erleuchtet ist, so wie der Thierkreiss der Planeten von dem Scheine dieser Kugeln, obzwar nur in sehr wenig Punkten, hin und wieder schimmert. Eine jede dieser Sonnen macht mit ihren umlaufenden Planeten vor sich ein besonderes System aus; allein dieses hindert nicht, Theile eines noch grösseren Systems zu seyn, so wie Jupiter oder Saturn, ungeachtet ihrer eigenen Begleitung, in der systematischen [103] Verfassung eines noch grösseren Weltbaues beschränkt seyn. Kan man, an einer so genauen Uebereinstimmung in der Verfassung nicht die gleiche Ursache und Art der Erzeugung erkennen?

Wenn nun die Fixsterne ein System ausmachen, dessen Umfang durch die Anziehungssphäre desjenigen Körpers, der im Mittelpunkte befindlich ist, bestimmet wird, werden nicht mehr Sonnensystemata, und, so zu reden, mehr Milchstrassen entstanden seyn, die in dem Grenzenlosen Felde des Weltraums erzeuget worden? Wir haben mit Erstaunen Figuren am Himmel erblickt, welche nichts anders, als solche auf einen gemeinschaftlichen Plan beschränkte Fixsternensystemata, solche Milchstrassen, wenn ich mich so ausdrücken darf, seyn, die in verschiedenen Stellungen gegen das Auge, mit einem, ihrem unendlichen Abstande gemäss geschwächten Schimmer, elliptische Gestalten darstellen; es sind Systemata von, so zu sagen, unendliche mal unendlich grösserm Durchmesser, als der Diameter unseres Sonnenbaues, ist; aber ohne Zweifel auf gleiche Art entstanden, aus gleichen Ursachen geordnet und eingerichtet, und erhalten sich durch ein gleiches Triebwerk, als dieses, in ihrer Verfassung.

Wenn man diese Sternensystemata wiederum als Glieder an der grossen Kette der gesammten Natur ansiehet; so hat man eben so viel Ursache, wie vorher, sie in einer gegenseitigen Beziehung zu gedenken, und in Verbindungen, welche Kraft [104] des durch die ganze Natur herrschenden Gesetzes der ersten Bildung, ein neues noch grösseres System ausmachen, das durch die Anziehung eines Körpers von ungleich mächtigerer Attraction, als alle die vorige, waren, aus dem Mittelpunkte ihrer regelmässigen Stellungen regieret wird. Die Anziehung, welche die Ursache der systematischen Verfassung unter den Fixsternen der Milchstrasse ist, wirket auch noch in der Entfernung eben dieser Weltordnungen, um sie aus ihren Stellungen zu bringen, und die Welt in einem unvermeidlich bevorstehenden Chaos zu begraben, wenn nicht regelmässig ausgetheilte Schwungskräfte der Attraction das Gegengewicht leisten, und beyderseits in Verbindung diejenige Beziehung hervorbringen, die der Grund der systematischen Verfassung ist. Die Anziehung ist ohne Zweifel eine eben so weit ausgedehnte Eigenschaft der Materie, als die Coexistenz, welche den Raum macht, indem sie die Substanzen durch gegenseitige Abhängigkeiten verbindet, oder, eigentlicher zu reden, die Anziehung ist eben diese allgemeine Beziehung, welche die Theile der Natur in einem Raume vereinigt: sie erstrecket sich also auf die ganze Ausdehnung desselben, bis in alle Weiten ihrer Unendlichkeit. Wenn das Licht von diesen entfernten Systemen zu uns gelanget, das Licht, welches nur eine eingedrückte Bewegung ist, muss nicht vielmehr die Anziehung, diese ursprüngliche Bewegungsqvelle, welche eher, wie · alle Bewegung ist: die keiner fremden Ursache bedarf, auch durch keine Hinderniss kan aufgehalten werden, [105] weil sie in das innerste der Materie, ohne einigen Stoss, selbst bey der allgemeinen Ruhe der Natur wirket, muss, sage ich, die Anziehung nicht diese Fixsternen-Systemata, ihrer unermesslichen Entfernungen ungeachtet, bei der ungebildeten Zerstreuung ihres Stoffes, im Anfange der Regung der Natur, in Bewegungen versetzet haben, die eben so, wie wir im Kleinen gesehen haben, die Qvelle der systematischen Verbindung, und der dauerhaften Beständigkeit ihrer Glieder ist, die sie vor den Verfall sichert?

Aber, welches wird denn endlich das Ende der systematischen Einrichtungen seyn? wo wird die Schöpfung selber aufhören? Man merket wohl, dass, um sie in einem Verhältnisse mit der Macht des unendlichen Wesens zu gedenken, sie gar keine Grenzen haben müsse. Man kommt der Unendlichkeit der Schöpfungskraft GOttes nicht näher, wenn man den Raum ihrer Offenbarung in einer Sphäre mit dem Radius der Milchstrasse beschrieben, einschliesset, als wenn man ihn in eine Kugel beschränken will, die einen Zoll im Durchmesser hat. Alles was endlich, was seine Schranken und ein bestimmtes Verhältniss zur Einheit hat, ist von dem unendlichen gleich weit entfernet. Nun wäre es ungereimt, die Gottheit mit einem unendlich kleinen Theile ihres schöpferischen Vermögens in Wirksamkeit zu setzen, und ihre unendliche **Kraft**, den Schatz einer wahren Unermesslichkeit, von Naturen und Welten unthätig, und in einem ewigen [106] Mangel der Ausübung verschlossen, zu gedenken. Ist es nicht vielmehr anständiger, oder besser zu sagen, ist es nicht nothwendig, den Inbegriff der Schöpfung also anzustellen, als er seyn muss, um ein Zeugniss von derjenigen Macht zu seyn, die durch keinen Maassstab kan abgemessen werden? Aus diesem Grunde ist das Feld der Offenbarung göttlicher Eigenschaften eben so unendlich, als diese selber sind*). Die Ewigkeit ist nicht hinlänglich, [107] die Zeugnisse des höchsten Wesens zu fassen, wo sie nicht mit der Unendlichkeit des Raumes verbunden wird.

---

*) Der Begriff einer unendlichen Ausdehnung der Welt findet unter den Metaphysikkündigern Gegner, und hat nur neulich an dem Herrn M. Weitenkampf einen gefunden. Wenn diese Herren, wegen der angeblichen Unmöglichkeit einer Menge ohne Zahl und Grenzen, sich zu dieser Idee nicht beqvemen können, so wolte ich nur vorläufig fragen: ob die künftige Folge der Ewigkeit nicht eine wahre Unendlichkeit von Mannigfaltigkeiten und Veränderungen in sich fassen wird? und ob diese unendliche Reihe nicht auf einmal schon jetzo dem göttlichen Verstande gänzlich gegenwärtig sey? Wenn es nun möglich war, dass GOtt den Begriff der Unendlichkeit, der seinem Verstande auf einmal darstehet, in einer auf einander folgenden Reihe würklich machen kan: warum solte derselbe nicht den Begriff einer andern Unendlichkeit in einem, dem Raume nach, verbundenen Zusammenhange darstellen, und dadurch den Umfang der Welt ohne Grenzen machen können? Indessen, dass man diese Frage wird zu beantworten suchen, so werde mich der Gelegenheit, die sich darbieten wird, bedienen, durch eine aus der Natur der Zahlen gezogene Erläuterung, die vermeinte Schwierigkeit zu heben, woferne man, bey genauer Erwegung, es noch als eine einer Erörterung bedürftige Frage ansehen kan: ob dasjenige, was eine durch die höchste Weisheit begleitete Macht hervorgebracht hat, sich zu offenbaren, zu demjenigen, was sie hat hervorbringen können, sich wie eine Differenzialgrösse verhalte?

Es ist wahr, die Ausbildung, die Form, die Schönheit und
Vollkommenheit, sind Beziehungen der Grundstücke und der
Substanzen, die den Stoff des Weltbaues ausmachen; und man
bemerket es an den Anstalten, die die Weisheit GOttes noch
zu aller Zeit trifft; es ist ihr auch am gemässesten, dass sie
sich, aus dieser ihren eingepflanzten allgemeinen Gesetzen,
durch eine ungezwungene Folge herauswickeln. Und daher
kan man mit gutem Grunde setzen, dass die Anordnung und
Einrichtung der Weltgebäude, aus dem Vorrathe des erschaf-
fenen Naturstoffes, in einer Folge der Zeit, nach und nach
geschehe; allein, die Grundmaterie selber, deren Eigenschaften
und Kräfte allen Veränderungen zum Grunde liegen, ist eine
unmittelbare Folge des göttlichen Daseyns: selbige muss also
auf einmal so reich, so vollständig seyn, dass die Entwickelung ihrer Zusammensetzungen in dem Abflusse der Ewigkeit
sich über einen Plan ausbreiten könne, der alles in sich
schliesset, was seyn kan, der kein Maass annimmt, kurz, der
unendlich ist.

[**108**] Wenn nun also die Schöpfung, dem Raume nach,
unendlich ist, oder es wenigstens, der Materie nach, wirklich
von Anbeginn her schon gewesen ist, der Form, oder der
Ausbildung nach, aber es bereit ist, zu werden; so wird der
Weltraum mit Welten ohne Zahl und ohne Ende belebet werden.
Wird denn nun jene systematische Verbindung, die wir vorher
bey allen Theilen insonderheit erwogen haben, auch aufs Ganze
gehen, und das gesammte Universum, das All der Natur, in
einem einzigen System, durch die Verbindung der Anziehung
und der fliehenden Kraft, zusammen fassen? Ich sage ja;
wenn nur lauter abgesonderte Weltgebäude, die unter einander
keine vereinte Beziehung zu einem Ganzen hätten, vorhanden
wären, so könte man wohl, wenn man diese Kette von Gliedern als wirklich unendlich annähme, gedenken, dass eine genaue Gleichheit der Anziehung ihrer Theile von allen Seiten
diese Systemata von dem Verfall, den ihnen die innere Wechsel-
anziehung drohet, sicher halten könne. Allein hiezu gehöret
eine so genaue abgemessene Bestimmung in denen, nach der
Attraction abgewogenen Entfernungen, dass auch die geringste
Verrückung dem Universo den Untergang zuziehen, und sie
in langen Perioden, die aber doch endlich zu Ende laufen
müssen, dem Umsturze überliefern würde. Eine Weltverfassung,
die sich ohne ein Wunder nicht erhielt, hat nicht den Character der Beständigkeit, die das Merkmal der Wahl GOttes

ist; man trifft es also dieser weit anständiger, wenn man der gesammten Schöpfung [109] ein einziges System machet, welches alle Welten und Weltordnungen, die den ganzen unendlichen Raum ausfüllen, auf einen einigen Mittelpunkt beziehend macht. Ein zerstreuetes Gewimmel von Weltgebäuden, sie möchten auch durch noch so weite Entfernungen von einander getrennet seyn, würde mit einem unverhinderten Hang zum Verderben und zur Zerstörung eilen, wenn nicht eine gewisse beziehende Einrichtung gegen einen allgemeinen Mittelpunkt, das Centrum der Attraction des Universi, und den Unterstützungspunkt der gesammten Natur durch systematische Bewegungen getroffen wäre.

Um diesen allgemeinen Mittelpunkt der Senkung der ganzen Natur, sowohl der gebildeten, als der rohen, in welchem sich ohne Zweifel der Klumpen von der ausnehmendsten Attraction befindet, der in seine Anziehungssphäre alle Welten und Ordnungen, die die Zeit hervorgebracht hat, und die Ewigkeit hervorbringen wird, begreiffet, kan man mit Wahrscheinlichkeit annehmen, dass die Natur den Anfang ihrer Bildung gemacht, und daselbst auch die Systemen am dichtesten gehäufet seyn; weiter von demselben aber in der Unendlichkeit des Raumes sich, mit immer grösseren Graden der Zerstreuung verlieren. Man könnte diese Regel aus der Analogie unseres Sonnenbaues abnehmen, und diese Verfassung kan ohnedem dazu dienen, dass in grossen Entfernungen nicht allein der allgemeine Centralkörper, sondern auch alle um ihn zunächst [110] laufende Systemata ihre Anziehung zusammen vereinigen, und sie gleichsam aus einem Klumpen gegen die Systemata des noch weiteren Abstandes ausüben. Dieses wird alsdenn mit dazu behülflich seyn, die ganze Natur in der ganzen Unendlichkeit ihrer Erstreckung, in einem einzigen Systema, zu begreifen.

Um nun der Errichtung dieses allgemeinen Systems der Natur, aus den mechanischen Gesetzen der zur Bildung strebenden Materie, nachzuspüren; so muss in dem unendlichen Raume des ausgebreiteten elementarischen Grundstoffes, an irgend einem Orte, dieser Grundstoff die dichteste Häufung gehabt haben, um durch die daselbst geschehende vorzügliche Bildung, dem gesammten Universo eine Masse verschaffet zu haben, die ihm zum Unterstützungspunkt dienete. Es ist zwar an dem, dass in einem unendlichen Raume kein Punkt eigentlich das Vorrecht haben kan, der Mittelpunkt zu heissen; aber, vermittelst einer gewissen Verhältniss, die sich auf die wesentliche Grade der Dichtigkeit des Urstoffes gründet, nach welcher diese zugleich mit ihrer Schöpfung an einem gewissen Orte vorzüglich dichter gehäuffet, und mit den Weiten von demselben in der Zerstreuung zunimmt, kan ein solcher Punkt das Vorrecht haben, der Mittelpunkt zu heissen, und er wird es auch wirklich, durch die Bildung der Centralmasse, von der kräftigsten Anziehung in demselben, zu dem sich alle übrige, in Particularbildungen begriffene elementarische Materie senket, [111] und dadurch, so weit sich auch die Auswickelung der Natur erstrecken mag, in der unendlichen Sphäre der Schöpfung, aus dem ganzen All, nur ein einziges System macht.

Das ist aber was wichtiges, und welches, woferne es Beyfall erlanget, der grössesten Aufmerksamkeit würdig ist, dass der Ordnung der Natur, in diesem unserm System zu Folge, die Schöpfung, oder vielmehr die Ausbildung der Natur, bey diesem Mittelpunkte zuerst anfängt, und mit stetiger Fortschreitung nach und nach in alle fernere Weiten ausgebreitet wird, um den unendlichen Raum in dem Fortgange der Ewigkeit mit Welten und Ordnungen zu erfüllen. Lasset uns dieser Vorstellung einen Augenblick mit stillem Vergnügen nachhängen. Ich finde nichts, das den Geist des Menschen zu einem edleren Erstaunen erheben kann, indem es ihm eine Aussicht in das unendliche Feld der Allmacht eröfnet, als diesen Theil der Theorie, der die successive Vollendung der Schöpfung betrifft. Wenn man mir zugiebt, dass die Materie, die der Stoff zu Bildung aller Welten ist, in dem ganzen unendlichen Raume der göttlichen Gegenwart nicht gleichförmig, sondern nach einem gewissen Gesetze ausgebreitet gewesen, das sich vielleicht auf die Dichtigkeit der Partikeln bezog, und nach welchem von einem gewissen Punkte, als dem Orte der dichtesten Häufung, mit den Weiten von diesem Mittelpunkte die Zerstreuung des Urstoffes zunahm; [112] so wird, in der ursprünglichen Regung der Natur, die Bildung zunächst diesem Centro angefangen, und denn, in fortschreitender Zeitfolge, der weitere Raum, nach und nach Welten und Weltordnungen, mit einer gegen diesen sich beziehenden systematischen Verfassung, gebildet haben. Ein jeder endlicher Periodus, dessen Länge zu der Grösse des zu vollbringenden Werks ein Verhältniss hat, wird immer nur eine endliche Sphäre, von diesem Mittelpunkte an, zur Ausbildung bringen; der übrige unendliche Theil wird indessen noch mit der Verwirrung und dem Chaos streiten, und um so viel weiter von dem Zustande der vollendeten Bildung entfernet seyn, je weiter dessen Abstand, von der Sphäre der schon ausgebildeten Natur, entfernet ist. Diesem zu Folge, ob wir gleich von dem Orte unseres Aufenthalts in dem Universo eine Aufsicht in eine, wie es scheinet, völlig vollendete Welt, und, so zu reden, in ein unendliches Heer von Weltordnungen, die systematisch verbunden sind, haben; so befinden wir uns doch eigentlich nur in einer Naheit zum Mittelpunkte der ganzen Natur, wo diese sich schon aus dem Chaos ausgewickelt, und ihre gehörige Vollkommenheit erlanget hat. Wenn wir eine gewisse Sphäre überschreiten könten; würden wir daselbst das Chaos und die Zerstreuung der Elemente erblicken, die nach dem Maasse, als sie sich diesem Mittelpunkte näher befinden, den rohen Zustand zum Theil verlassen, und der Vollkommenheit der Ausbildung näher sind, mit den Graden der Entfernung [113] aber sich nach und nach in einer völligen Zerstreuung verlieren. Wir würden sehen, wie der unendliche Raum der göttlichen Gegenwart, darinn der Vorrath zu allen möglichen Naturbildungen anzutreffen ist, in einer stillen Nacht begraben, voll von Materie, den künftig zu erzeugenden Welten zum Stoffe zu dienen, und von Triebfedern sie in Bewegung zu bringen, die, mit einer schwachen Regung, diejenige Bewegungen anfangen, womit die Unermesslichkeit dieser öden Räume dereinst noch soll belebet werden. Es ist vielleicht eine Reihe von Millionen Jahren und Jahrhunderten verflossen, ehe die Sphäre der gebildeten Natur, darinn wir uns befinden, zu der Vollkommenheit gediehen ist, die ihr jetzt beywohnet; und es wird vielleicht ein eben so langer Periodus vergehen, bis die Natur einen eben so weiten Schritt in dem Chaos thut: allein die Sphäre der ausgebildeten Natur ist unaufhörlich beschäftiget, sich auszubreiten. Die Schöpfung ist nicht das Werk von einem Augenblicke. Nachdem sie mit der Hervorbringung einer Unendlichkeit von Substanzen und Materie den Anfang gemachet hat; so ist sie mit immer zunehmenden Graden der Fruchtbarkeit, die ganze Folge der Ewigkeit hindurch, wirksam. Es werden Millionen, und ganze Gebürge von Millionen Jahrhunderten verfliessen, binnen welchen immer neue Welten und Weltordnungen nach einander in denen entfernten Weiten von dem Mittelpunkte der Natur, sich bilden, und zur Vollkommenheit gelangen werden; sie werden, ohnerachtet der systematischen [114] Verfassung, die unter ihren Theilen ist,

eine allgemeine Beziehung auf den Mittelpunkt erlangen, welcher der erste Bildungspunkt, und das Centrum der Schöpfung
durch das Anziehungsvermögen, seiner vorzüglichen Masse
worden ist. Die Unendlichkeit der künftigen Zeitfolge, womit
die Ewigkeit unerschöpflich ist, wird alle Räume der Gegenwart GOttes ganz und gar beleben, und in die Regelmässigkeit, die der Treflichkeit seines Entwurfes gemäss ist, nach
und nach versetzen, und wenn man mit einer kühnen Vorstellung die ganze Ewigkeit, so zu sagen, in einem Begriffe
zusammen fassen könte; so würde man auch den ganzen unendlichen Raum mit Weltordnungen angefüllet, und die Schöpfung
vollendet ansehen können. Weil aber in der That von der
Zeitfolge der Ewigkeit der rückständige Theil allemal unendlich,
und der abgeflossene endlich ist; so ist die Sphäre der ausgebildeten Natur allemal nur ein unendlich kleiner Theil desjenigen Inbegriffs, der den Saamen zukünftiger Welten in sich
hat, und sich aus dem rohen Zustande des Chaos, in längern
oder kürzern Perioden, auszuwickeln trachtet. Die Schöpfung
ist niemals vollendet. Sie hat zwar einmal angefangen, aber
sie wird niemals aufhören. Sie ist immer geschäftig, mehr
Auftritte der Natur, neue Dinge und neue Welten hervor zu
bringen. Das Werk, welches sie zu Stande bringet, hat ein
Verhältniss zu der Zeit, die sie darauf anwendet. Sie braucht
nichts weniger, als eine Ewigkeit, um die ganze grenzenlose
Weite [115] der unendlichen Räume, mit Welten ohne Zahl
und ohne Ende, zu beleben. Man kan von ihr dasjenige
sagen, was der erhabenste unter den deutschen Dichtern von
der Ewigkeit schreibet:

> Unendlichkeit! wer misset dich?
> Vor dir sind Welten Tag, und Menschen Augenblicke;
> Vielleicht die tausendste der Sonnen welzt jetzt sich,
> Und tausend bleiben noch zurücke.

> Wie eine Uhr, beseelt durch ein Gewicht,
> Eilt eine Sonn, aus GOttes Kraft bewegt:
> Ihr Trieb läuft ab, und eine andre schlägt,
> Du aber bleibst, und zählst sie nicht.
>
> v. Haller.

Es ist ein nicht geringes Vergnügen, mit seiner Einbildungskraft über die Grenze der vollendeten Schöpfung, in den
Raum des Chaos, auszuschweifen, und die halb rohe Natur,
in der Naheit zur Sphäre der ausgebildeten Welt, sich nach
und nach durch alle Stuffen und Schattirungen der Unvoll-

kommenheit, in dem ganzen ungebildeten Raume, verlieren zu
sehen. Aber ist es nicht eine tadelnswürdige Kühnheit, wird
man sagen, eine Hypothese aufzuwerfen, und sie, als einen
Vorwurf der Ergötzung des Verstandes, anzupreisen, welche
vielleicht nur gar zu willkührlich ist, wenn man behauptet,
dass die Natur, nur einem unendlich kleinen Theile nach, ausgebildet sey, und unendliche Räume noch mit dem Chaos
streiten, um [116] in der Folge künftiger Zeiten ganze Heere
von Welten und Weltordnungen, in aller gehörigen Ordnung
und Schönheit, darzustellen? Ich bin den Folgen, die meine
Theorie darbietet, nicht so sehr ergeben, dass ich nicht erkennen solte, wie die Muthmassung, von der successiven Ausbreitung der Schöpfung, durch die unendliche Räume, die den
Stoff dazu in sich fassen, den Einwurf der Unerweislichkeit
nicht völlig ablehnen könne. Indessen verspreche ich mir doch
von denenjenigen, welche die Grade der Wahrscheinlichkeit
zu schätzen, im Stande sind, dass eine solche Charte der Unendlichkeit, ob sie gleich einen Vorwurf begreiffet, der bestimmt
zu seyn scheinet, dem menschlichen Verstande auf ewig verborgen zu seyn, nicht um deswillen sofort als ein Hirngespinste
werde angesehen werden, vornemlich, wenn man die Analogie
zu Hülfe nimmt, welche uns allemal, in solchen Fällen, leiten
muss, wo dem Verstande der Faden der untrüglichen Beweise
mangelt.

Man kan aber auch die Analogie noch durch annehmungswürdige Gründe unterstützen, und die Einsicht des Lesers,
wofern ich mich solches Beyfalls schmeicheln darf, wird sie
vielleicht mit noch wichtigern vermehren können. Denn wenn
man erweget, dass die Schöpfung den Character der Beständigkeit nicht mit sich führet, wofern sie der allgemeinen Bestrebung der Anziehung, die durch alle ihre Theile wirket,
nicht eine eben so durchgängige Bestimmung entgegen setzet,
die dem Hange [117] der ersten zum Verderben und zur Unordnung gnugsam widerstehen kan, wenn sie nicht Schwungskräfte ausgetheilet hat, die in der Verbindung, mit der Central-
neigung, eine allgemeine systematische Verfassung festsetzen;
so wird man genöthiget, einen allgemeinen Mittelpunkt des
ganzen Welt-Alls anzunehmen, die alle Theile desselben in
verbundener Beziehung zusammen hält, und aus dem ganzen
Inbegriff der Natur nur ein System machet. Wenn man hiezu
den Begriff, von der Bildung der Weltkörper, aus der zerstreueten elementarischen Materie füget, wie wir ihn in den

vorhergehenden entworfen haben, jedoch ihn allhier nicht auf
ein absonderliches System einschränkt, sondern über die ganze
Natur ausdehnet; so wird man genöthiget, eine solche Austheilung des Grundstoffes, in dem Raume des ursprünglichen
Chaos, zu gedenken, die natürlicher Weise einen Mittelpunkt
der ganzen Schöpfung mit sich bringet, damit in diesen die
wirksame Masse, die in ihrer Sphäre die gesammte Natur begreift, zusammengebracht, und die durchgängige Beziehung bewirket werden könne, wodurch alle Welten nur ein einziges
Gebäude ausmachen. Es kan aber in dem unendlichen Raume,
kaum eine Art der Austheilung des ursprünglichen Grundstoffes, gedacht werden, die einen wahren Mittel- und Senkungspunkt der gesammten Natur setzen solte, als wenn sie nach
einem Gesetze der zunehmenden Zerstreuung, von diesem Punkte
an, in alle ferne Weiten eingerichtet ist. Dieses Gesetze aber
setzet zugleich einen Unterscheid in der Zeit, die [118] ein System
in den verschiedenen Gegenden des unendlichen Raumes gebrauchet, zur Reife seiner Ausbildung zu kommen, so, dass
diese Periode desto kürzer ist, je näher der Bildungsplatz
eines Weltbaues sich dem Centro der Schöpfung befindet, weil
daselbst die Elemente des Stoffes dichter gehäufet sind, und
dagegen um desto länger Zeit erfordert, je weiter der Abstand
ist, weil die Partikeln daselbst zerstreueter sind, und später
zur Bildung zusammen kommen.

Wenn man die ganze Hypothese, die ich entwerfe, in dem
ganzen Umfange sowohl dessen, was ich gesagt habe, als was
ich noch eigentlich darlegen werde, erweget; so wird man die
Kühnheit ihrer Forderungen wenigstens nicht vor unfähig halten,
eine Entschuldigung anzunehmen. Man kan den unvermeid-
lichen Hang, den ein jegliches zur Vollkommenheit gebrachtes
Weltgebäude nach und nach zu seinem Untergange hat, unter
die Gründe rechnen, die es bewähren können, dass das Universum dagegen in andern Gegenden an Welten fruchtbar seyn
werde, um den Mangel zu ersetzen, den es an einem Orte
erlitten hat. Das ganze Stück der Natur, das wir kennen,
ob es gleich nur ein Atomus in Ansehung dessen ist, was
über oder unter unserem Gesichtskreise verborgen bleibt, bestätiget doch diese Fruchtbarkeit der Natur, die ohne Schranken
ist, weil sie nicht anders, als die Ausübung der göttlichen
Allmacht, selber ist. Unzählige Thiere und Pflanzen werden
täglich zerstöret, [119] und sind ein Opfer der Vergänglichkeit; aber nicht weniger bringet die Natur, durch ein

unerschöpftes Zeugungsvermögen, an anderen Orten wiederum
hervor, und füllet das leere aus. Beträchtliche Stücke des
Erdbodens, den wir bewohnen, werden wiederum in dem Meere
begraben, aus dem sie ein günstiger Periodus hervorge-
zogen hatte; aber an anderen Orten ergänzet die Natur den
Mangel, und bringet andere Gegenden hervor, die in der Tiefe
des Wesens verborgen waren, um neue Reichthümer ihrer
Fruchtbarkeit über dieselbe auszubreiten. Auf die gleiche Art
vergehen Welten und Weltordnungen, und werden von dem Ab-
grunde der Ewigkeiten verschlungen; dagegen ist die Schöpfung
immerfort geschäftig, in andern Himmelsgegenden neue Bildungen zu verrichten, und den Abgang mit Vortheile zu er-
gänzen.

Man darf nicht erstaunen, selbst in dem Grossen der Werke
GOttes, eine Vergänglichkeit zu verstatten. Alles, was endlich
ist, was einen Anfang und Ursprung hat, hat das Merkmaal
seiner eingeschränkten Natur in sich; es muss vergehen, und
ein Ende haben. Die Dauer eines Weltbaues hat, durch die
Vortreflichkeit ihrer Errichtung, eine Beständigkeit in sich,
die, unsern Begriffen nach, einer unendlichen Dauer nahe
kommt. Vielleicht werden tausend, vielleicht Millionen Jahrhunderte sie nicht vernichten; allein, weil die Eitelkeit, die
an denen endlichen Naturen haftet, beständig an ihrer Zerstörung arbeitet; so wird die [120] Ewigkeit alle mögliche
Perioden in sich halten, um durch einen allmählichen Verfall
den Zeitpunkt ihres Unterganges doch endlich herbey zu
führen. Newton, dieser grosse Bewunderer der Eigenschaften
GOttes, aus der Vollkommenheit seiner Werke, der mit der
tiefsten Einsicht, in die Treflichkeit der Natur, die grösste
Ehrfurcht gegen die Offenbarung der göttlichen Allmacht
verband, sahe sich genöthiget, der Natur ihren Verfall durch
den natürlichen Hang, den die Mechanik der Bewegungen dazu
hat, vorher zu verkündigen. Wenn eine systematische Verfassung, durch die wesentliche Folge der Hinfälligkeit, in
grossen Zeitläuften auch den allerkleinsten Theil, den man
sich nur gedenken mag, dem Zustande ihrer Verwirrung nähert;
so muss in dem unendlichen Ablaufe der Ewigkeit doch ein
Zeitpunkt seyn, da diese allmähliche Verminderung alle Bewegung erschöpfet hat.

Wir dürfen aber den Untergang eines Weltgebäudes nicht
als einen wahren Verlust der Natur bedauren. Sie beweiset
ihren Reichthum in einer Art von Verschwendung, welche,

indem einige Theile der Vergänglichkeit den Tribut bezahlen,
sich durch unzehlige neue Zeugungen in dem ganzen Umfange
ihrer Vollkommenheit unbeschadet erhält. Welch eine unzehlige Menge Blumen und Insecten zerstöret ein einziger kalter
Tag; aber wie wenig vermisset man sie, ohnerachtet es herrliche Kunstwerke der Natur und Beweisthümer der göttlichen
Allmacht seyn; an einem andern Orte wird dieser Abgang
mit Ueberfluss wiederum ersetzet. Der [121] Mensch, der das
Meisterstück der Schöpfung zu seyn scheinet, ist selbst von
diesem Gesetze nicht ausgenommen. Die Natur beweiset, dass
sie eben so reich, eben so unerschöpfet, in Hervorbringung
des treflichsten unter den Creaturen, als des geringschätzigsten,
ist, und dass selbst deren Untergang eine nothwendige Schat-
tirung in der Mannigfaltigkeit ihrer Sonnen ist, weil die
Erzeugung derselben ihr nichts kostet. Die schädlichen Wirkungen
der angesteckten Luft, die Erdbeben, die Ueberschwemmungen,
vertilgen ganze Völker von dem Erdboden; allein es scheinet
nicht, dass die Natur dadurch einigen Nachtheil erlitten habe.
Auf gleiche Weise verlassen ganze Welten und Systemen den
Schauplatz, nachdem sie ihre Rolle ausgespielet haben. Die
Unendlichkeit der Schöpfung ist gross genug, um eine Welt,
oder eine Milchstrasse von Welten, gegen sie anzusehen, wie
man eine Blume, oder ein Insect, in Vergleichung gegen die
Erde, ansiehet. Indessen, dass die Natur mit veränderlichen
Auftritten die Ewigkeit auszieret, bleibt GOtt in einer unauf-
hörlichen Schöpfung geschäftig, den Zeug zur Bildung noch
grösserer Welten zu formen.

Der stets mit einem gleichen Auge, weil er, der Schöpfer,
ja von allen,
Sieht einen Helden untergehn, und einen kleinen Sperling
fallen,
Sieht eine Wasserblase springen, und eine ganze Welt
vergehn.

Pope,
nach Brockes Uebersetzung.

[122] Last uns also unser Auge, an diese erschreckliche
Umstürzungen als an die gewöhnlichen Wege der Vorsehung,
gewöhnen, und sie sogar mit einer Art von Wohlgefallen ansehen. Und in der That ist dem Reichthume der Natur nichts
anständiger als dieses. Denn wenn ein Weltsystem in der
langen Folge seiner Dauer alle Mannigfaltigkeit erschöpfet,
die seine Einrichtung fassen kan, wenn es nun ein überflüs-

siges Glied in der Kette der Wesen geworden; so ist nichts
geziemender, als dass es in dem Schauspiele der ablaufenden
Veränderungen des Universi die letzte Rolle spielet, die jedem
endlichen Dinge gebühret, nemlich der Vergänglichkeit ihr
Gebühr abtrage. Die Natur zeiget, wie gedacht, schon in dem
kleinen Theile ihres Inbegriffes, diese Regel ihres Verfahrens,
die das ewige Schicksal ihr im ganzen vorgeschrieben hat,
und ich sage es nochmals, die Grösse desjenigen was unter-
gehen soll, ist hierin nicht im geringsten hinderlich, denn
alles was gross ist, wird klein, ja es wird gleichsam nur ein
Punkt, wenn man es mit dem Unendlichen vergleicht, welches
die Schöpfung in dem unbeschränkten Raume, die Folge der
Ewigkeit hindurch, darstellen wird.

Es scheinet, dass dieses denen Welten, so wie allen Naturdingen verhängte Ende, einem gewissen Gesetze unterworfen
sey, dessen Erwegung der Theorie einen neuen Zug der Anständigkeit giebet. Nachdemselben hebt es bey denen Weltkörpern an, die sich dem Mittelpunkte des Welt-Alls am
nächsten [**123**] befinden, so wie die Erzeugung und Bildung
neben diesem Centro zuerst angefangen: von da breitet sich
das Verderben und die Zerstörung nach und nach in die weiteren Entfernungen aus, um alle Welt, welche ihre Periode
zurück geleget hat, durch einen allmählichen Verfall der Bewegungen, zuletzt in einem einzigen Chaos zu begraben. An-
dererseits ist die Natur auf der entgegengesetzten Grenze der
ausgebildeten Welt, unablässig beschäftiget, aus dem rohen
Zeuge der zerstreueten Elemente Welten zu bilden, und, indem
sie an der einen Seite neben dem Mittelpunkte veraltet, so
ist sie auf der andern jung und an neuen Zeugungen fruchtbar. Die ausgebildete Welt befindet sich diesem nach zwischen
den Ruinen der zerstörten, und zwischen dem Chaos der ungebildeten Natur mitten inne beschräncket, und wenn man
wie es wahrscheinlich ist, sich vorstellet, dass eine schon zur
Vollkommenheit gediehene Welt, eine längere Zeit dauren
könne, als sie bedurft hat, gebildet zu werden; so wird
ungeachtet aller der Verheerungen, die die Vergänglichkeit unaufhörlich anrichtet, der Umfang des Universi dennoch überhaupt zunehmen.

Will man aber noch zuletzt einer Idee Platz lassen, die
eben so wahrscheinlich, als der Verfassung der göttlichen
Werke, wohlanständig ist; so wird die Zufriedenheit welche
eine solche Abschilderung der Veränderungen der Natur

erreget, bis zum höchsten Grade des Wohlgefallens erhoben.
[124] Kan man nicht glauben, die Natur, welche vermögend
war sich aus dem Chaos in eine regelmässige Ordnung und
in ein geschicktes System zu setzen, sey ebenfalls im Stande,
aus dem neuen Chaos, darinn sie die Verminderung ihrer Bewegungen versenket hat, sich wiederum eben so leicht her-
zustellen, und die erste Verbindung zu erneuren? Können
die Federn, welche den Stoff der zerstreuten Materie in Bewegung und Ordnung brachten, nachdem sie der Stillstand der
Maschine zur Ruhe gebracht hat, durch erweiterte Kräfte nicht
wiederum in Wirksamkeit gesetzt werden, und sich nach eben
denselben allgemeinen Regeln zur Uebereinstimmung einschränken, wodurch die ursprüngliche Bildung zuwege gebracht
worden ist? Man wird nicht lange Bedenken tragen, dieses
zuzugeben, wenn man erweget, dass, nachdem die endliche
Mattigkeit der Umlaufs-Bewegungen in dem Weltgebäude die
Planeten und Cometen insgesamt auf die Sonne niedergestürtzt
hat, dieser ihre Glut einen unermesslichen Zuwachs durch die
Vermischung so vieler und grosser Klumpen bekommen muss,
vornehmlich da die entfernte Kugeln des Sonnensystems,
unserer vorher erwiesenen Theorie zufolge, den leichtesten und
im Feuer wirksamsten Stoff der ganzen Natur, in sich enthalten. Dieses durch neue Nahrung und die flüchtigste Materie in die gröste Heftigkeit versetzte Feuer, wird ohne
Zweifel nicht allein alles wiederum in die kleinsten Elemente
auflösen, sondern auch dieselbe in dieser Art, mit einer der
Hitze gemässen Ausdehnungskraft, [125] und mit einer Schnelligkeit, welche durch keinen Widerstand des Mittelraums geschwächet wird, in dieselben weiten Räume wiederum ausbreiten
und zerstreuen, welche sie vor der ersten Bildung der Natur
eingenommen hatten, um, nachdem die Heftigkeit des Central-
feuers durch eine beynahe gänzliche Zerstreuung ihrer Masse
gedämpfet worden, durch Verbindung der Attractions- und
Zurückstossungskräfte, die alten Zeugungen und systematisch
beziehende Bewegungen, mit nicht minderer Regelmässigkeit
zu wiederholen und ein neues Weltgebäude darzustellen. Wenn
denn ein besonderes Planetensystem auf diese Weise in Verfall gerathen und durch wesentliche Kräfte sich daraus wiederum
hergestellet hat, wenn es wohl gar dieses Spiel mehr wie einmal wiederholet; so wird endlich die Periode herannahen, die
auf gleiche Weise das grosse System, darinn die Fixsterne
Glieder seyn, durch den Verfall ihrer Bewegungen, in einem

Chaos versamlen wird. Man wird hier noch weniger zweifeln, dass die Vereinigung einer so unendlichen Menge Feuerschätze, als diese brennenden Sonnen sind, zusammt dem Gefolge ihrer Planeten den Stoff ihrer Massen durch die unnenbare Glut aufgelöset, in den alten Raum ihrer Bildungssphäre zerstreuen und daselbst die Materialien zu neuen Bildungen durch dieselbe mechanische Gesetze hergeben werden, woraus wiederum der öde Raum mit Welten und Systemen kan belebet werden. Wenn wir denn diesen Phönix der Natur, der sich nur darum verbrennet, um aus seiner Asche [126] wiederum verjüngt aufzuleben, durch alle Unendlichkeit der Zeiten und Räume hindurch folgen: wenn man siehet, wie sie sogar in der Gegend da sie verfält und veraltet an neuen Auftritten unerschöpft und auf der anderen Grenze der Schöpfung in dem Raum der ungebildeten rohen Materie mit stetigen Schritten zur Ausdehnung des Plans der göttlichen Offenbarung fortschreitet, um die Ewigkeit sowohl, als alle Räume mit ihren Wundern zu füllen; so versenket sich der Geist, der alles dieses überdencket, in ein tiefes Erstaunen; aber annoch mit diesem so grossen Gegenstande unzufrieden, dessen Vergänglichkeit die Seele nicht gnugsam zufrieden stellen kann, wünschet er dasjenige Wesen von nahem kennen zu lernen, dessen Verstand, dessen Grösse die Quelle desjenigen Lichtes ist, das sich über die gesammte Natur, gleichsam als aus einem Mittelpunkte, ausbreitet. Mit welcher Art der Ehrfurcht muss nicht die Seele so gar ihr eigen Wesen ansehen, wenn sie betrachtet, dass sie noch alle diese Veränderungen überleben soll, sie kan zu sich selber sagen, was der philosophische Dichter von der Ewigkeit saget:

Wenn denn ein zweytes Nichts, wird diese Welt begraben;
Wenn von dem Alles selbst, nichts bleibet als die Stelle;
Wenn mancher Himmel noch, von andern Sternen helle,
Wird seinen Lauf vollendet haben;
[127] Wirst du so jung als jetzt, von deinem Tod gleich weit,
Gleich ewig künftig seyn, wie heut.

v. Haller.

O glücklich wenn sie unter dem Tumult der Elemente und den Träumen der Natur jederzeit auf eine Höhe gesetzet ist, von da sie die Verheerungen, die die Hinfälligkeit den Dingen der Welt verursacht, gleichsam unter ihren Füssen kan vorbey rauschen sehen. Eine Glückseligkeit, welche die Vernunft nicht einmal zu erwünschen sich erkühnen darf, lehret uns die Offenbarung mit Ueberzeugung hoffen. Wenn denn die Fesseln, welche uns an die Eitelkeit der Creaturen geknüpft halten, in dem Augenblicke, welcher zu der Verwandelung unseres Wesens bestimmt worden, abgefallen seyn, so wird der unsterbliche Geist von der Abhängigkeit der endlichen Dinge befreyet, in der Gemeinschaft mit dem unendlichen Wesen, den Genuss der wahren Glückseligkeit finden. Die ganze Natur, welche eine allgemeine harmonische Beziehung zu dem Wohlgefallen der Gottheit hat, kan diejenige vernünftige Creatur nicht anders als mit immerwährender Zufriedenheit erfüllen, die sich mit dieser Urquelle aller Vollkommenheit vereint befindet. Die Natur von diesem Mittelpunkte aus gesehen, wird von allen Seiten lauter Sicherheit, lauter Wohlanständigkeit zeigen. Die veränderlichen Scenen der Natur vermögen nicht, den Ruhestand der Glückseligkeit eines Geistes zu verrücken, der einmal zu solcher [128] Höhe erhoben ist. Indem er diesen Zustand, mit einer süssen Hofnung, schon zum voraus kostet; kan er seinen Mund in denjenigen Lobgesängen üben, davon dereinst alle Ewigkeiten erschallen sollen.

> Wenn dereinst der Bau der Welt, in sein Nichts
> zurück geeilet
> Und sich deiner Hände Werk nicht durch Tag
> und Nacht mehr theilet;
> Denn soll mein gerührt Gemüthe, sich durch dich
> gestärkt bemühn,
> In Verehrung deiner Allmacht, stets vor deinen
> Thron zu ziehn;
> Mein von Dank erfüllter Mund soll durch alle
> Ewigkeiten,
> Dir und deiner Majestät ein unendlich Lob
> bereiten;
> Ist dabey gleich kein vollkomnes, denn o HErr!
> so gross bist du,
> Dich nach Würdigkeit zu loben, reicht die
> Ewigkeit nicht zu.
>
> Addisson
> Nach Gottscheds Uebersetzung.

[129]
Zugabe
zum siebenden Hauptstücke.
Allgemeine Theorie und Geschichte der Sonne überhaupt.

Es ist noch eine Hauptfrage deren Auflösung in der Naturlehre des Himmels, und in einer vollständigen Cosmogonie unentbehrlich ist. Woher wird nemlich der Mittelpunkt eines jeden Systems von einem flammenden Cörper eingenommen? Unser planetische Weltbau hat die Sonne zum Centralkörper, und die Fixsterne die wir sehen, sind allem Ansehen nach Mittelpunkte ähnlicher Systematum.

Um zu begreifen, woher in der Bildung eines Weltgebäudes, der Körper, der zum Mittelpunkte der Attraction dienet, ein feuriger Körper hat werden müssen, indessen dass die übrige Kugeln seiner Anziehungssphäre dunkele und kalte Weltkörper blieben, darf man nur die Art der Erzeugung eines Weltbaues sich zurück erinnern, die wir in dem vorhergehenden umständlich entworfen haben. In dem weit ausgedehnten Raume, darinn der ausgebreitete elementarische Grundstoff sich zu Bildungen und systematischen Bewegungen anschickt, bilden sich die Planeten und Cometen nur allein aus demjenigen Theile, des zum Mittelpunkte der Attraction sinkenden elementarischen Grundstoffes, welcher durch den Fall und die Wechselwirkung, den [130] gesammten Partikeln zu der genauen Einschränkung der Richtung und Geschwindigkeit, die zum Umschwunge erfordert, wird, bestimmt worden. Dieser Theil ist, wie oben dargethan worden, der mindeste von der ganzen Menge der abwärts sinkenden Materie, und zwar nur der Ausschuss dichterer Sorten, welche durch den Wiederstand der andern zu diesem Grade der Genauheit haben gelangen können. Es befinden sich in diesem Gemenge, heranschwebende Sorten vorzüglicher Leichtigkeit, die, durch die Wiederstrebung des Raumes gehindert, durch ihren Fall zu der gehörigen Schnelligkeit der periodischen Umwendungen nicht durchdringen, und die folglich in der Mattigkeit ihres Schwunges insgesamt zum Centralkörper hinabgestürtzet werden. Weil nun eben diese leichteren und flüchtigen Theile auch die wirksamsten seyn, das Feuer zu unterhalten; so sehen wir, dass durch ihren Zusatz der Körper und Mittelpunkt des Systems den Vorzug erhält, eine flammende Kugel, mit einem Worte, eine Sonne zu werden. Dagegen wird der schweerere und unkräftige Stoff und der Mangel dieser feuernährenden Theilchen, aus den Planeten nur kalte und todte Klumpen machen, die solcher Eigenschaft beraubt seyn.

Dieser Zusatz so leichter Materien ist es auch, wodurch die Sonne die specifisch mindere Dichtigkeit überkommen hat, dadurch sie auch so gar unserer Erde, dem dritten Planeten in dem Abstande von ihr, 4 mal an Dichtigkeit nachstehet;

obgleich [131] es natürlich ist, zu glauben, dass sie in diesem
Mittelpunkte des Weltbaues, als in dessen niedrigsten Orte,
die schweeresten und dichtesten Gattungen der Materie sich
befinden solten, wodurch sie, ohne dem Zusatz einer so grossen
Menge des leichtesten Stoffes, die Dichtigkeit aller Planeten
übertreffen würde.

Die Vermengung dichterer und schweerer Sorten der Elementen, zu diesen leichtesten und flüchtigsten, dienet gleichfalls
den Centralkörper zu der heftigsten Glut, die auf seiner Oberfläche brennen und unterhalten werden soll, geschickt zu machen.
Denn wir wissen, dass das Feuer, in dessen nährenden Stoffe
dichte Materien unter den flüchtigen sich vermengt befinden,
einen grossen Vorzug der Heftigkeit vor denenjenigen Flammen
hat, die nur von den leichten Gattungen unterhalten wird.
Diese Untermischung aber, einiger schweeren Sorten unter die
leichteren, ist eine nothwendige Folge unsers Lehrbegriffes
von der Bildung der Weltkörper, und hat noch diesen Nutzen,
dass die Gewalt der Glut, die brennbare Materie der Oberfläche nicht plötzlich zerstreue, und dass selbige, durch den
Zufluss der Nahrung aus dem innern, allmählig und beständig
genähret wird.

Nachdem die Frage nun aufgelöset ist, woher der Centralkörper eines grossen Sternsystems, eine flammende Kugel d. i.
eine Sonne sey; so scheinet es nicht überflüssig zu seyn, sich
mit diesem Vorwurfe noch einige Zeit zu beschäftigen, und
[132] den Zustand eines solchen Himmelskörpers mit einer sorgfältigen Prüfung zu erforschen; vornemlich, da die Muthmassungen allhier aus tüchtigeren Gründen sich herleiten lassen,
als sie es gemeiniglich, bey den Untersuchungen der Beschaffenheit entfernter Himmelskörper, zu seyn pflegen.

Zuvörderst setze ich fest, dass man nicht zweifeln könne,
die Sonne sey wirklich ein flammender Körper, und nicht eine
bis zum höchsten Grade erhitzte Masse geschmoltzener und
glüender Materie, wie einige aus gewissen Schwierigkeiten,
welche sie bey der ersteren Meinung zu finden vermeinet,
haben schliessen wollen. Denn wenn man erweget, dass ein
flammendes Feuer, vor einer jeden andern Art der Hitze, diesen
wesentlichen Vorzug hat, dass es, so zu sagen, aus sich selbst
wirksam, anstatt sich durch die Mittheilung zu verringern,
oder zu erschöpfen, vielmehr eben dadurch mehr Stärke und
Heftigkeit überkommt, und also nur Stoff und Nahrung zum
Unterhalte erfordert, um immer fort zu währen; dahingegen

die Glut einer, auf den höchsten Grad erhitzten Masse, ein
blos leidender Zustand ist, der sich durch die Gemeinschaft
der berührenden Materie unaufhörlich vermindert, und keine
eigene Kräfte hat, sich aus einem kleinen Anfange auszubreiten, oder bey der Verminderung wiederum aufzuleben,
wenn man, sage ich, dieses erweget, so wird man, ich ge-
schweige der anderen Gründe, schon hieraus sattsam ersehen
können, dass der Sonne, der Quelle des Lichtes und der Wärme
in [133] jeglichem Weltbau, jene Eigenschaft wahrscheinlicher
Weise müsse beygeleget werden.

Wenn die Sonne nun, oder die Sonnen überhaupt flammende Kugeln seyn; so ist die erste Beschaffenheit ihrer Oberfläche, die sich hieraus abnehmen läst, dass auf ihnen Luft
befindlich seyn müsse, weil ohne Luft kein Feuer brennet.
Dieser Umstand giebt Anlass zu merkwürdigen Folgerungen.
Denn wenn man erstlich die Athmosphäre der Sonne und ihr
Gewicht in Verhältniss des Sonnenklumpens setzet; in welchen
Stande der Zusammendrückung wird diese Luft nicht seyn,
und wie vermögend wird sie nicht eben dadurch werden, die
heftigsten Grade des Feuers durch ihre Federkraft zu unterhalten? In dieser Athmosphäre erheben sich, allem Vermuthen nach, auch die Rauchwolken von denen durch die Flamme
aufgelöseten Materien, die, wie man nicht zweifeln darf, eine
Mischung von groben und leichteren Theilchen, in sich haben,
welche, nachdem sie sich zu einer Höhe, die vor sie eine
kühlere Luft heget, erhoben haben, in schweren Pech- und
Schwefelregen hinabstürzen und der Flamme neue Nahrung
zuführen. Eben diese Athmosphäre ist auch, aus den gleichen
Ursachen wie auf unserer Erde, von denen Bewegungen der
Winde nicht befreyet, welche aber, dem Ansehen nach, alles
was die Einbildungskraft nur sich vorzustellen vermag, an
Heftigkeit weit übertreffen müssen. Wenn irgend eine Gegend
auf der Oberfläche der Sonne, entweder durch die erstickende
Gewalt der ausbrechenden Dämpfe, oder durch den sparsamen
Zufluss brenbarer [134] Materien, in dem Ausbruche der
Flamme nachläst; so erkühlet die darüber befindliche Luft
einiger massen, und, indem sie sich zusammenziehet, giebt sie
der daneben befindlichen Platz, mit einer dem Ueberschusse
ihrer Ausspannung gemässen Gewalt, in ihren Raum zu dringen,
um die erloschene Flamme anzufachen [31]).

Gleichwohl verschlinget alle Flamme immer viele Luft, und
es ist kein Zweifel, dass die Federkraft des flüssigen Luft-

elements, das die Sonne umgiebet, dadurch in einiger Zeit
nicht geringen Nachtheil erleiden müsse. Wenn man dasjenige, was Herr Hales hievon, bey der Wirkung der Flamme
in unserer Athmosphäre, durch sorgfältige Versuche bewähret
hat, hier in grossen anwendet; so kan man die immerwäh-
rende Bestrebung der aus der Flamme gehenden Rauchtheil-
chen, die Elasticität der Sonnen Athmosphäre zu zernichten,
als einen Hauptknoten ansehen, dessen Auflösung mit Schwierigkeiten verbunden ist. Denn dadurch, dass die Flamme, die
über der ganzen Fläche der Sonne brennet, sich selber die
Luft benimmt, die ihr zum Brennen unentbehrlich ist, so ist
die Sonne in Gefahr gar zu verlöschen, wenn der gröste
Theil ihrer Athmosphäre verschlungen worden. Es ist wahr,
das Feuer erzeuget auch, durch Auflösung gewisser Materien,
Luft; aber die Versuche beweisen, dass allezeit mehr verschlungen, als erzeuget wird. Zwar, wenn ein Theil des
Sonnenfeuers, unter erstickenden Dämpfen der Luft, die zu
ihrer Erhaltung dienet [135] beraubet wird; so werden, wie
wir schon angemerket haben, heftige Stürme sie zerstreuen
und wegzuführen bemühet seyn. Allein im ganzen wird man
die Ersetzung dieses nöthigen Elements auf folgende Art sich
begreiflich machen können, wenn man in Betrachtung ziehet,
dass da bey einem flammenden Feuer, die Hitze fast nur über
sich, und nur wenig unter sich würket, wenn sie durch die
angeführte Ursache ersticket worden, ihre Heftigkeit gegen
das innere des Sonnenkörpers kehret, und dessen tiefe Schlünde
nöthiget, die in ihren Höhlen verschlossene Luft hervorbrechen
zu lassen, und das Feuer aufs neue anzufachen: wenn man
in diesem ihrem Eingeweide durch eine Freyheit, die bey
einem so unbekannten Gegenstande nicht verboten ist, vornemlich Materien setzet, die, wie der Salpeter, an elastischer
Luft unerschöpflich ergiebig seyn; so wird das Sonnenfeuer
überaus lange Perioden hindurch an dem Zuflusse immer er-
neueter Luft, nicht leichtlich Mangel leiden können [32].

Gleichwohl siehet man, die deutlichen Merkmaale der Vergänglichkeit auch an diesem unschätzbaren Feuer, das die
Natur zur Fackel der Welt aufgestecket. Es kommt eine Zeit,
darinn sie wird erloschen seyn. Die Entziehung der flüchtigsten und feinsten Materien, die, durch die Heftigkeit der
Hitze zerstreuet, niemals wieder zurück kehren, und den Stoff
des Zodiakallichtes vermehren, die Häufung unverbrenlicher
und ausgebrannter Materien, z. E. der Asche auf der Ober-

fläche, endlich auch [136] der Mangel der Luft, werden der Sonne ein Ziel setzen, da ihre Flamme dereinst erlöschen, und ihren Ort, der anjetzo der Mittelpunkt des Lichtes und des Lebens dem ganzen Weltgebäude ist, ewige Finsternisse einnehmen werden. Die abwechselnde Bestrebung ihres Feuers, durch die Eröfnung neuer Grüfte, wiederum aufzuleben, wodurch sie sich vieleicht vor ihrem Untergange etlichemal herstellet, könnte eine Erklärung des Verschwindens und der Wiedererscheinung einiger Fixsterne abgeben. Es würden Sonnen seyn, welche ihrem Erlöschen nahe sind, und die noch etlichemal aus ihrem Schutte aufzuleben trachten. Es mag diese Erklärung Beyfall verdienen, oder nicht, so wird man sich doch gewiss diese Betrachtung dazu dienen lassen, einzusehen, dass, da der Vollkommenheit aller Weltordnungen, es sey auf die eine oder andere Art, ein unvermeidlicher Verfall drohet, man keine Schwierigkeit in dem oben angeführten Gesetze ihres Unterganges, durch den Hang der mechanischen Einrichtung, finden werde, welche dadurch aber vornemlich annehmungswürdig wird, weil sie den Saamen der Wiedererneurung, selbst in der Vermengung mit dem Chaos, bey sich führet.

Zuletzt lasset uns der Einbildungskraft ein so wunderseltsames Object, als eine brennende Sonne ist, gleichsam von nahen vorstellen. Man siehet in einem Anblicke weite Feuerseen, die ihre Flammen gen Himmel erheben, rasende Stürme, deren Wuth die Heftigkeit der ersten verdoppelt, welche, [137] indem sie selbige über ihre Ufer aufschwellend machen, bald die erhabene Gegenden dieses Weltkörpers bedecken, bald sie in ihre Grenzen zurücksinken lassen: ausgebrannte Felsen, die aus den flammenden Schlünden ihre fürchterliche Spitzen herausstrecken, und deren Ueberschwemmung oder Entblössung von dem wallenden Feuerelemente, das abwechselnde Erscheinen und Verschwinden der Sonnenflecken, verursachet: dicke Dämpfe, die das Feuer ersticken, und die, durch die Gewalt der Winde erhoben, finstre Wolken ausmachen, welche in feurigen Regengüssen wiederum herabstürzen, und als brennende Ströhme, von den Höhen des festen Sonnenlandes *) sich in die flammende

---

*) Ich schreibe nicht ohne Ursache der Sonnen alle Unebenheiten des festen Landes, der Gebürge und der Thäler zu, die wir auf unserer Erde und andern Weltkörpern antreffen. Die Bildung einer Weltkugel, die sich aus einem flüssigen Zustande in einen

Thäler [138] ergiessen, das Krachen der Elemente, den Schutt ausgebrannter Materien, und die mit der Zerstörung ringende Natur, welche, selbst mit dem abscheulichsten Zustande ihrer Zerrüttungen die Schönheit der Welt und den Nutzen der Creaturen, bewirket.

Wenn denn die Mittelpunkte aller grossen Weltsystemen flammende Körper seyn; so ist dieses am meisten von dem Centralkörper desjenigen unermesslichen Systems zu vermuthen, welches die Fixsterne ausmachen. Wird nun aber dieser Cörper, dessen Masse zu der Grösse seines Systems ein Verhältniss haben muss, wenn er ein selbstleuchtender Körper oder eine Sonne wäre, nicht mit vorzüglichem Glanze und Grösse in die Augen fallen? Gleichwohl sehen wir keinen dergleichen sich ausnehmend unterscheidenden Fixstern unter dem Himmelsheere hervorschimmern. In der That, man darf es sich nicht befremden lassen, wenn dieses nicht geschicht. Wenn er gleich 10000 mahl unsere Sonne an Grösse überträffe, so könnte er doch, wenn man seine Entfernung 100 mahl grösser, als des Sirius seine annimmt, nicht grösser und heller, als dieser, erscheinen.

Vielleicht aber ist es den künftigen Zeiten aufgehoben, wenigstens noch dereinst die Gegend zu [139] entdecken, wo der Mittelpunkt *) des Fixsternensystems, darein unsere Sonne

---

festen verändert, bringt nothwendig solche Ungleichheiten auf der Oberfläche zuwege. Wenn die Oberfläche sich härtet, indessen, dass in dem flüssigen inwendigen Theile solcher Masse, die Materien sich noch nach Massgebung ihrer Schweere zum Mittelpunkte, hinsenken; so werden die Partickeln des elastischen Luft- oder Feuerelements, das sich in diesen Materien mit untergemengt befindet, heraus gejagt, und häuffen sich unter der indessen festgewordenen Rinde, unter welcher sie grosse, und nach Proportion des Sonnenklumpens ungeheure Höhlen erzeugen, in die gedachte oberste Rinde, zuletzt mit mannigfaltigen Einbeugungen hereinsinkt, und sowohl erhöhete Gegenden und Gebirge, als auch Thäler und Fluthbette weiter Feuerseen dadurch zubereitet.

*) Ich habe eine Muthmassung, nach welcher es mir sehr wahrscheinlich zu seyn dünket, dass der Sirius oder Hundsstern, in dem System der Sterne, die die Milchstrasse ausmachen, der Centralkörper sey, und den Mittelpunkt einnehme, zu welchen sie sich alle beziehen. Wenn man dieses System, nach dem Entwurfe des ersten Theils dieser Abhandlung, wie ein Gewimmel von Sonnen, die zu einer gemeinschaftlichen Fläche gehäuft seyn, ansiehet, welches nach allen Seiten von dem Mittelpunkte derselben ausgestreuet ist, und durch einen gewissen, so zu sagen, zirkelförmigten Raum, der durch die geringe Abweichungen derselben vom Beziehungsplane,

gehöret, befindlich [**140**] ist, oder vielleicht wohl gar zu
bestimmen, wohin man den Centralkörper des Universi,
nach welchem alle Theile desselben mit einstimmiger Senkung
zielen, setzen müsse. Von was vor einer Beschaffenheit dieses
Fundamentalstücke der ganzen Schöpfung sey, und was auf
ihm befindlich, wollen wir dem Herrn Wrigt von Durham zu
bestimmen überlassen, der mit einer fanatischen Begeisterung,
ein kräftiges Wesen von der Götterart mit geistlichen An-
ziehungs- und Zurückstossungskräften, das, in einer unendlichen Sphäre um sich wirksam, alle Tugend an sich zöge,
die Laster aber, zurücktriebe, in diesem glücklichen Orte,
gleichsam auf einen Thron der gesammten Natur, erhöhete.
Wir wollen die Kühnheit unserer Muthmassungen, welchen wir
vielleicht nur gar zu viel erlaubt haben, nicht [**141**] bis zu
willkührlichen Erdichtungen den Zügel schiessen lassen. Die
Gottheit ist in der Unendlichkeit des ganzen Weltraumes allenthalben gleich gegenwärtig; allenthalben, wo Naturen seyn,
welche fähig seyn, sich über die Abhängigkeit der Geschöpfe,

---

sich auch in die Breite von beyden Seiten etwas ausdehnet, ausmacht: so wird die Sonne, die sich gleichfalls diesem Plane nahe
befindet, die Erscheinung dieser zirkelförmigten, weislicht schim-
mernden Zone, nach derjenigen Seite hin, am breitesten sehen, nach
welcher sie sich der äussersten Grenze des Systems am nächsten
befindet; denn es ist leicht zu vermuthen, dass sie sich nicht eben
gerade im Mittelpunkte aufhalten werde. Nun ist der Streif der
Milchstrasse, in dem Theile zwischen dem Zeichen des Schwaans
und des Schützens, am breitesten, folglich wird dieses die Seite
seyn, da der Platz unserer Sonne der äussersten Peripherie des
zirkelförmigten Systems am nächsten ist: und in diesem Theile
werden wir den Ort, wo die Sternbilder des Adlers und Fuchses
mit der Gans stehen, insonderheit vor den allernächsten halten,
weil daselbst aus dem Zwischenraume, da die Milchstrasse sich
theilet, die grösseste scheinbare Zerstreuung der Sterne erhellet.
Wenn man daher ohngefehr von dem Orte neben dem Schwanze
des Adlers, eine Linie mitten durch die Fläche der Milchstrasse
bis zu dem gegen überstehenden Punkte ziehet; so muss diese auf
den Mittelpunkt des Systems zutreffen, und sie trift in der That
sehr genau auf den Sirius, den hellesten Stern am ganzen Himmel,
der, wegen dieser glücklichen, mit seiner vorzüglichen Gestalt sowohl harmonierenden Zusammentreffung, es zu verdienen scheinet,
dass man ihn vor den Centralkörper selber halte. Er würde, nach
diesem Begriffe, auch gerade in dem Streife der Milchstrasse gesehen werden, wenn der Stand unserer Sonne der beym Schwanze
des Adlers von dem Plane derselben etwas abweichet, nicht den
optischen Abstand des Mittelpunktes gegen die andere Seite solcher
Zone, verursachte.

zu der Gemeinschaft des höchsten Wesens, empor zu schwingen,
befindet es sich gleich nahe. Die ganze Schöpfung ist von
ihren Kräften durchdrungen, aber nur derjenige, der sich von
dem Geschöpfe zu befreyen weiss, welcher so edel ist, einzusehen, dass in dem Genusse dieser Urqvelle der Vollkommenheit die höchste Staffell der Glückseligkeit einzig und allein
zu suchen, der allein ist fähig, diesem wahren Beziehungspunkte aller Treflichkeit sich näher, als irgend etwas anders
in der ganzen Natur, zu befinden. Indessen wenn ich, ohne
an der enthusiastischen Vorstellung des Engelländers Theil zu
nehmen, von den verschiedenen Graden der Geisterwelt aus
der physischen Beziehung ihrer Wohnplätze gegen den Mittelpunkt der Schöpfung, muthmassen soll, so wollte mit mehrer
Wahrscheinlichkeit die vollkommensten Classen vernünftiger
Wesen, weiter von diesem Mittelpunkte, als nahe bey demselben, suchen. Die Vollkommenheit mit Vernunft begabter
Geschöpfe, in so weit sie von der Beschaffenheit der Materie
abhänget, in deren Verbindung sie beschränket seyn, kommt
gar sehr auf die Feinigkeit des Stoffes an, dessen Einfluss
dieselbe zur Vorstellung der Welt und zur Gegenwirkung in
dieselbe bestimmt. Die Trägheit und der Widerstand der
Materie schränket die Freyheit des geistigen [142] Wesens
zum Wirken und die Deutlichkeit ihrer Empfindung von äussern
Dingen gar zu sehr ein, sie macht ihre Fähigkeiten stumpf,
indem sie deren Bewegungen nicht mit gehöriger Leichtigkeit
gehorchet. Daher wenn man, wie es wahrscheinlich ist, nahe
zum Mittelpunkte der Natur die dichtesten und schweersten
Sorten der Materie, und dagegen in der grösseren Entfernung,
die zunehmenden Grade der Feinigkeit und Leichtigkeit derselben, der Analogie gemäss, die in unsern Weltbau herrschet,
annimmt; so ist die Folge begreiflich. Die vernünftigen Wesen
deren Erzeugungsplatz und Aufenthalt näher zu dem Mittelpunkte der Schöpfung sich befindet, sind in eine steife und
unbewegliche Materie versenket, die ihre Kräfte in einer unüberwindlichen Trägheit verschlossen enthält, und auch eben
so unfähig ist, die Eindrücke des Universi, mit der nöthigen
Deutlichkeit und Leichtigkeit, zu übertragen und mitzutheilen.
Man wird diese denkende Wesen also in die niedrige Classe
zu zehlen haben; dagegen wird, mit den Entfernungen vom
allgemeinen Centro, diese Vollkommenheit der Geisterwelt,
welche auf der gewechselten Abhängigkeit derselben von der
Materie beruhet, wie eine beständige Leiter wachsen. In der

tiefsten Erniedrigung zu diesem Senkungspunkte hat man diesem zufolge die schlechtesten und unvollkommensten Gattungen denkender Naturen zu setzen, und hiewärtshin ist, wo diese Treflichkeit der Wesen sich, mit allen Schattierungen der Verminderung, endlich in den gänzlichen Mangel der Ueberlegung und des Denkens [143] verlieret. In der That, wenn man erweget, dass der Mittelpunkt der Natur zugleich der Anfang ihrer Bildung aus dem rohen Zeuge, und ihre Grenze mit dem Chaos, ausmacht: wenn man dazu setzet, dass die Vollkommenheit geistiger Wesen, welche wohl eine äusserste Grenze ihres Anfanges hat, wo ihre Fähigkeiten mit der Unvernunft zusammenstossen, aber keine Grenzen der Forsetzung, über welche sie nicht könte erhoben werden, sondern nach der Seite hin, eine völlige Unendlichkeit vor sich findet; so wird man, wenn ja ein Gesetze statt finden soll, nach welchem der vernünftigen Creaturen Wohnplätze, nach der Ordnung ihrer Beziehung zum gemeinschaftlichen Mittelpunkte, vertheilet seyn, die niedrigste und unvollkommenste Gattung, die gleichsam den Anfang des Geschlechtes der Geisterwelt ausmacht, an demjenigen Orte zu setzen haben, der der Anfang des gesammten U n i v e r s i zu nennen ist, um zugleich mit diesem in gleicher Fortschreitung alle Unendlichkeit der Zeit und der Räume mit ins unendliche wachsenden Graden der Vollkommenheit des Denkungsvermögens, zu erfüllen, und sich, gleichsam nach und nach, dem Ziele der höchsten Treflichkeit, nemlich der Gottheit zu näheren, ohne es doch jemals erreichen zu können.

[144] ### Achtes Hauptstück,

Allgemeiner Beweis von der Richtigkeit einer mechanischen Lehrverfassung, der Einrichtung des Weltbaues überhaupt, insonderheit von der Gewissheit der gegenwärtigen.

Man kan das Weltgebäude nicht ansehen, ohne die treflichste Anordnung in ihrer Einrichtung, und die sicheren Merkmaale der Hand GOttes, in der Vollkommenheit ihrer Beziehungen, zu kennen. Die Vernunft, nachdem sie so viel Schönheit, so viel Treflichkeit erwogen und bewundert hat, entrüstet sich mit Recht über die kühne Thorheit, welche sich unterstehen darf, alles dieses dem Zufalle, und einem glücklichen Ohngefehr, zuzuschreiben. Es muss die höchste Weisheit den

Entwurf gemacht, und eine unendliche Macht selbige ausge-
führet haben, sonst wäre es unmöglich, so viele in einem
Zweck zusammen kommende Absichten, in der Verfassung des
Weltgebäudes, anzutreffen. Es kommt nur noch darauf an,
zu entscheiden, ob der Entwurf der Einrichtung des Universi
von dem höchsten Verstande schon in die wesentliche Bestimmungen der ewigen Naturen gelegt, und in die allgemeine
Bewegungsgesetze gepflanzet sey, um sich aus ihnen, auf eine
der vollkommensten Ordnung anständige Art, ungezwungen
zu entwickeln; oder ob die allgemeine Eigenschaften der Bestandtheile der Welt die völlige Unfähigkeit [145] zur Uebereinstimmung, und nicht die geringste Beziehung zur Verbindung, haben, und durchaus einer fremden Hand bedurft haben,
um diejenige Einschränkung und Zusammenfügung zu überkommen, welche Vollkommenheit und Schönheit an sich blicken
lässt. Ein fast allgemeines Vorurtheil hat die meisten Weltweisen, gegen die Fähigkeit der Natur, etwas ordentliches
durch ihre allgemeine Gesetze hervorzubringen, eingenommen,
gleich als wenn es GOtt die Regierung der Welt streitig machen
hiesse, wenn man die ursprüngliche Bildungen in den Naturkräften suchet, und als wenn diese ein von der Gottheit un-
abhängiges Principium, und ein ewiges blindes Schicksaal, wäre.
    Wenn man aber erweget, dass die Natur und die ewigen
Gesetze, welche den Substanzen zu ihrer Wechselwirkung vorgeschrieben seyn, kein selbständiges, und ohne GOtt nothwen-
diges, Principium sey, dass eben dadurch, weil sie so viel
Uebereinstimmung und Ordnung in demjenigen zeiget, was sie
durch allgemeine Gesetze hervorbringet, zu ersehen ist, dass
die Wesen aller Dinge, in einem gewissen Grundwesen, ihren
gemeinschaftlichen Ursprung haben müssen, und dass sie darum
lauter gewechselte Beziehungen und lauter Harmonie zeigen,
weil ihre Eigenschaften in einem einzigen höchsten Verstande
ihre Quelle haben, dessen weise Idee sie in durchgängigen
Beziehungen entworfen, und ihnen diejenige Fähigkeit einge-
pflanzet hat, dadurch sie lauter Schönheit, lauter Ordnung, in
dem ihnen [146] selbst gelassenen Zustande ihrer Wirksamkeit,
hervorbringen: wenn man, sage ich, dieses erweget, so wird
die Natur uns würdiger, als sie gemeiniglich angesehen wird,
erscheinen, und man wird von ihren Auswickelungen nichts,
als Uebereinstimmung, nichts als Ordnung, erwarten. Wenn
man hingegen einem ungegründeten Vorurtheile Platz lässet,
dass die allgemeine Naturgesetze, an und vor sich selber,

nichts als Unordnung zuwege bringen, und aller Uebereinstimmung zum Nutzen, welche bey der Verfassung der Natur
hervor leuchtet, die unmittelbare Hand GOttes anzeiget; so
wird man genöthiget, die ganze Natur in Wunder zu ver-
kehren. Man wird den schönen farbigten Bogen, der in den
Regentropfen erscheinet, wenn dieselben die Farben des Sonnen-
lichts absondern, wegen seiner Schönheit, den Regen, wegen
seines Nutzens, die Winde, wegen der unentbehrlichen Vortheile, die sie in unendlichen Arten der menschlichen Bedürf-
nisse leisten; kurz, alle Veränderungen der Welt, welche Wohlanständigkeit und Ordnung mit sich führen, nicht aus den
eingepflanzten Kräften der Materie herleiten sollen. Das Beginnen der Naturforscher, die sich mit einer solchen Weltweisheit abgegeben haben, wird, vor dem Richterstuhle der
Religion, eine feyerliche Abbitte thun müssen. Es wird in
der That alsdenn keine Natur mehr seyn; es wird nur ein
GOtt in der Maschine die Veränderungen der Welt hervor
bringen. Aber, was wird denn dieses seltsame Mittel, die
Gewissheit des höchsten Wesens aus der wesentlichen Unfähigkeit [147] der Natur zu beweisen, vor eine Wirkung zur
Ueberführung des Epikurers thun. Wenn die Naturen der
Dinge, durch die ewigen Gesetze ihrer Wesen, nichts als Unordnung und Ungereimtheit zuwege bringen; so werden sie
eben dadurch den Charakter ihrer Unabhängigkeit von GOtt
beweisen: und was vor einen Begriff wird man sich von einer
Gottheit machen können, welcher die allgemeinen Naturgesetze
nur durch eine Art von Zwange gehorchen, und an und vor
sich dessen weisesten Entwürfen widerstreiten? Wird der
Feind der Vorsehung nicht eben so viel Siege über diese fal-
schen Grundsätze davon tragen, als er Uebereinstimmungen
aufweisen kan, welche die allgemeinen Wirkungsgesetze der
Natur, ohne alle besondere Einschränkungen, hervorbringen?
und wird es ihm wohl an solchen Beyspielen fehlen können?
Dagegen lasset uns mit grösserer Anständigkeit und Richtigkeit also schliessen: Die Natur, ihren allgemeinen Eigenschaften
überlassen, ist an lauter schönen und vollkommenen Früchten
fruchtbar, welche nicht allein an sich Uebereinstimmung und
Treflichkeit zeigen, sondern auch mit dem ganzen Umfange
ihrer Wesen, mit dem Nutzen der Menschen, und der Ver-
herrlichung der göttlichen Eigenschaften, wohl harmoniren.
Hieraus folget, dass ihre wesentlichen Eigenschaften keine
unabhängige Nothwendigkeit haben können; sondern, dass sie

ihren Ursprung in einem einzigen Verstande, als dem Grunde
und der Quelle aller Wesen, haben müssen, in welchem sie,
unter gemeinschaftlichen Beziehungen, entworfen [**148**] sind.
Alles, was sich auf einander, zu einer gewechselten Harmonie,
beziehet, muss in einem einzigen Wesen, von welchem es insgesammt abhänget, unter einander verbunden werden. Also
ist ein Wesen aller Wesen, ein unendlicher Verstand und
selbständige Weisheit vorhanden, daraus die Natur, auch sogar ihrer Möglichkeit nach, in dem ganzen Inbegriffe der
Bestimmungen, ihren Ursprung ziehet. Nunmehro darf man
die Fähigkeit der Natur, als dem Daseyn eines höchsten Wesens nachtheilig, nicht bestreiten; je vollkommener sie in ihren
Entwickelungen ist, je besser ihre allgemeinen Gesetze zur
Ordnung und Uebereinstimmung führen; ein desto sicherer
Beweisthum der Gottheit ist sie, von welcher sie diese Verhältnisse entlehnet. Ihre Hervorbringungen sind nicht mehr
Wirkungen des Ohngefehrs, und Folgen des Zufalls; es fliesset
alles nach unwandelbaren Gesetzen von ihr ab, welche darum
lauter geschicktes darstellen müssen, weil sie lauter Züge aus
dem allerweisesten Entwurfe seyn, aus dem die Unordnung
verbannet ist. Nicht der ohngefehre Zusammenlauf der Atomen
des Lucrez hat die Welt gebildet; eingepflanzte Kräfte und
Gesetze, die den weisesten Verstand zur Quelle haben, sind
ein unwandelbarer Ursprung derjenigen Ordnung gewesen, die aus
ihnen nicht von ohngefehr, sondern nothwendig abfliessen muste.
     Wenn man sich also eines alten und ungegründeten Vor-
urtheils, und der faulen Weltweisheit, entschlagen kan, die,
unter einer andächtigen Mine, [**149**] eine träge Unwissenheit
zu verbergen trachtet; so hoffe ich, auf unwiedersprechliche
Gründe, eine sichere Ueberzeugung zu gründen: dass die Welt
eine mechanische Entwickelung, aus den allgemeinen
Naturgesetzen, zum Ursprunge ihrer Verfassung, erkenne; und dass zweytens die Art der mechanischen
Erzeugung, die wir vorgestellet haben, die wahre
sey. Wenn man beurtheilen will, ob die Natur genugsame Fähigkeiten habe, durch eine mechanische Folge
ihrer Bewegungsgesetze, die Anordnung des Weltbaues
zuwege zu bringen; so muss man vorhero erwegen, wie
einfach die Bewegungen seyn, welche die Weltkörper beob-
achten, und dass sie nichts an sich haben, was eine genauere Bestimmung erforderte, als es die allgemeinen Regeln
der Naturkräfte mit sich führen. Die Umlaufsbewegungen

bestehen aus der Verbindung der sinkenden Kraft, die eine
gewisse Folge aus den Eigenschaften der Materie ist, und aus
der schiessenden Bewegung, die, als die Wirkung der ersteren,
als eine, durch das Herabsinken, erlangte Geschwindigkeit,
kan angesehen werden, in der nur eine gewisse Ursache nöthig
gewesen, den senkrechten Fall seitwärts abzubeugen. Nach
einmal erlangter Bestimmung dieser Bewegungen ist nichts
ferner nöthig, sie auf immer zu erhalten. Sie bestehen in
dem leeren Raume, durch die Verbindung der einmal eingedrückten schiessenden Kraft, mit der aus den wesentlichen
Naturkräften fliessenden Attraction, und leiden weiterhin keine
Veränderung. Allein die Analogien, [150] in der Uebereinstimmung dieser Bewegungen, bezeigen die Wirklichkeit eines
mechanischen Ursprunges so deutlich, dass man daran keinen
Zweifel tragen kan. Denn

1. Haben diese Bewegungen eine durchgehends übereinstimmende Richtung, dass von sechs Hauptplaneten, von 10
Trabanten, sowohl in ihrer fortrückenden Bewegung, als in
ihren Umdrehungen um die Achse, nicht ein einziger ist, der
nach einer andern Seite, als von Abend gegen Morgen, sich
bewegete. Diese Richtungen sind überdem so genau zusam-
mentreffend, dass sie nur wenig von einer gemeinschaftlichen
Fläche abweichen, und diese Fläche, auf welche sich alles
beziehet, ist die Aeqvatorsfläche des Körpers, der, in dem
Mittelpunkte des ganzen Systems, sich nach eben derselben
Gegend um die Achse drehet, und der, durch seine vorzügliche Attraction, der Beziehungspunkt aller Bewegungen geworden, und folglich an denenselben so genau, als möglich,
hat Theil nehmen müssen. Ein Beweis, dass die gesammte
Bewegungen auf eine, den allgemeinen Naturgesetzen gemässe,
mechanische Art entstanden und bestimmet worden, und dass
die Ursache, welche entweder die Seitenbewegungen eindrückte,
oder richtete, den ganzen Raum des Planetengebäudes be-
herrschet hat, und darinn den Gesetzen gehorchet, welche die,
in einem gemeinschaftlich bewegten Raume, befindliche Materie
beobachtet, dass alle verschiedene Bewegungen zuletzt eine
einzige Richtung annehmen, und sich insgesammt [151] so
genau, als möglich, auf eine einzige Fläche beziehend machen.

2. Sind die Geschwindigkeiten so beschaffen, als sie es
in einem Raume seyn müssen, da die bewegende Kraft in
dem Mittelpunkte ist, nemlich, sie nehmen in beständigen
Graden mit den Entfernungen von diesem ab, und verlieren

sich, in der grössesten Weite, in eine gänzliche Mattigkeit
der Bewegung, welche den senkrechten Fall nur sehr wenig
seitwärts beuget. Vom Merkur an, welcher die grösste Schwungskraft hat, siehet man diese stufenweise sich vermindern, und
in dem äussersten Cometen so gering seyn, als sie es seyn
kan, um nicht gerade in die Sonne zu fallen. Man kan nicht
einwenden, dass die Regeln der Centralbewegungen, in Zirkelkreisen, es so erheischen, dass, je näher zum Mittelpunkte
der allgemeinen Senkung, desto grösser die Umschwungsgeschwindigkeit seyn müsse; denn woher müssen eben die, diesem
Centro nahen Himmelskörper, Zirkelförmigte Kreise haben?
woher sind nicht die nächsten sehr eccentrisch, und die entfernteren in Zirkeln umlaufend? oder vielmehr, da sie alle
von dieser abgemessenen geometrischen Genauheit abweichen;
warum nimmt diese Abweichung mit den Entfernungen zu?
Bezeichnen diese Verhältnisse nicht den Punkt, zu dem alle
Bewegung ursprünglich sich gedränget, und, nach dem Maasse
der Naheit, auch grössere Grade erlanget hat, bevor andere
Bestimmungen ihre Richtungen in die gegenwärtige verändert
haben?

[152] Will man nun aber die Verfassung des Weltbaues,
und den Ursprung der Bewegungen, von den allgemeinen
Naturgesetzen ausnehmen, um sie der unmittelbaren Hand
GOttes zuzuschreiben; so wird man alsbald inne, das die
angeführte Analogien einen solchen Begriff offenbar widerlegen.
Denn was erstlich die durchgängige Uebereinstimmung in der
Richtung betrifft, so ist offenbar, dass hier kein Grund sey,
woher die Weltkörper, gerade nach einer einzigen Gegend,
ihre Umläufe anstellen müsten, wenn der Mechanismus ihrer
Erzeugung sie nicht dahin bestimmet hätte. Denn der Raum,
in dem sie laufen, ist unendlich wenig widerstehend, und
schränket ihre Bewegungen so wenig nach der einen Seite,
als nach der andern, ein; also würde die Wahl GOttes, ohne
den geringsten Bewegungsgrund, sich nicht an eine einzige
Bestimmung binden, sondern sich mit mehrerer Freyheit in
allerley Abwechselungen und Verschiedenheit zeigen. Noch
mehr: warum sind die Kreise der Planeten so genau auf eine
gemeinschaftliche Fläche beziehend, nemlich auf die Aeqvatorsfläche desjenigen grossen Körpers, der in dem Mittelpunkte
aller Bewegung ihre Umläufe regieret? Diese Analogie, an
statt einen Bewegungsgrund der Wohlanständigkeit an sich zu
zeigen, ist vielmehr die Ursache einer gewissen Verwirrung,

welche durch eine freye Abweichung der Planetenkreise würde gehoben werden: denn die Anziehungen der Planeten stören anjetzo gewissermassen die Gleichförmigkeit ihrer Bewegungen, und würden einander gar nicht hinderlich seyn, [153] wenn sie sich nicht so genau auf eine gemeinschaftliche Fläche bezögen.

Noch mehr, als alle diese Analogien, zeiget sich das deutlichste Merkmaal von der Hand der Natur, an dem Mangel der genauesten Bestimmung, in denjenigen Verhältnissen, die sie zu erreichen bestrebt gewesen. Wenn es am besten wäre, dass die Planetenkreise beynahe auf eine gemeinschaftliche Fläche gestellet wären, warum sind sie es nicht ganz genau? und warum ist ein Theil derjenigen Abweichung übrig geblieben, welche hat vermieden werden sollen? Wenn darum die der Laufbahne der Sonne nahen Planeten, die der Attraction das Gleichgewicht haltende Grösse der Schwungskraft empfangen haben, warum fehlet noch etwas an dieser völligen Gleichheit? und woher sind ihre Umläufe nicht vollkommen Zirkelrund, wenn bloss die weiseste Absicht, durch das grösste Vermögen unterstützet, diese Bestimmung hervorzubringen, getrachtet hat? Ist es nicht klar einzusehen, dass diejenige Ursache, welche die Laufbahnen der Himmelskörper gestellet hat, indem sie selbige auf eine gemeinschaftliche Fläche zu bringen bestrebt gewesen, es nicht völlig hat ausrichten können; ingleichen, dass die Kraft, welche den Himmelsraum beherrschete, als alle Materie, die nunmehro in Kugeln gebildet ist, ihre Umschwungsgeschwindigkeiten erhielt, sie zwar nahe beym Mittelpunkte in ein Gleichgewicht mit der senkenden Gewalt zu bringen getrachtet hat; aber die völlige Genauheit nicht hat erreichen können. [154] Ist nicht das gewöhnliche Verfahren der Natur hieran zu erkennen, welches, durch die Dazwischenkunft der verschiedenen Mitwürkungen, allemal von der ganz abgemessenen Bestimmung abweichend gemacht wird? und wird man wohl lediglich in den Endzwecken, des unmittelbar so gebietenden höchsten Willens, die Gründe dieser Beschaffenheit finden? Man kan, ohne eine Hartnäckigkeit zu bezeigen, nicht in Abrede seyn, dass die gepriesene Erklärungsart von den Natureigenschaften, durch Anführung ihres Nutzens, Grund anzugeben, hier nicht die verhofte Probe halte. Es war gewiss, in Ansehung des Nutzens, der Welt ganz gleichgültig, ob die Planetenkreise völlig zirkelrund, oder ob sie ein wenig eccentrisch wären; ob sie mit der Fläche ihrer

allgemeinen Beziehung völlig zusammen treffen, oder noch etwas
davon abweichen solten; vielmehr, wenn es ja nöthig war,
in dieser Art von Uebereinstimmungen beschränkt zu seyn,
so war es am besten, sie völlig an sich haben. Wenn es
wahr ist, was der Philosoph sagte: dass GOtt beständig die
Geometrie ausübet: wenn dieses auch in den Wegen der allgemeinen Naturgesetze hervor leuchtet; so würde gewiss diese
Regel, bey den unmittelbaren Werken des allmächtigen Wortes,
vollkommen zu spüren seyn, und diese würden alle Vollkommenheit der geometrischen Genauheit an sich zeigen. Die
Cometen gehören mit unter diese Mängel der Natur. Man
kan nicht leugnen, dass, in Ansehung ihres Laufes und der
Veränderungen, die sie dadurch erleiden, sie als [155] unvoll-
kommene Glieder der Schöpfung anzusehen seyn, welche weder
dienen können, vernünftigen Wesen bequeme Wohnplätze ab-
zugeben, noch dem Besten des ganzen Systems dadurch nütz-
lich zu werden, dass sie, wie man vermuthet hat, der Sonne
dereinst zur Nahrung dieneten; denn es ist gewiss, dass die
meisten derselben diesen Zweck nicht eher, als bey dem Umsturze des ganzen planetischen Gebäudes, erreichen würden.
In dem Lehrbegriffe, von der unmittelbaren höchsten Anordnung der Welt, ohne eine natürliche Entwickelung aus allgemeinen Naturgesetzen, würde eine solche Anmerkung anstössig
seyn, ob sie gleich gewiss ist. Allein in einer mechanischen
Erklärungsart verherrlichet sich dadurch die Schönheit der
Welt, und die Offenbarung der Allmacht, nicht wenig. Die
Natur, indem sie alle mögliche Stufen der Mannigfaltigkeit in
sich fasset, erstrecket ihren Umfang über alle Gattungen von
der Vollkommenheit bis zum Nichts, und die Mängel selber
sind ein Zeichen des Ueberflusses, an welchem ihr Innbegriff
unerschöpft ist.

Es ist zu glauben, dass die angeführten Analogien so viel
über das Vorurtheil vermögen würden, den mechanischen Ursprung des Weltgebäudes annehmungswürdig zu machen, wenn
nicht noch gewisse Gründe, die aus der Natur der Sache selber
hergenommen sind, dieser Lehrverfassung gänzlich zu wider-
sprechen schienen. Der Himmelsraum ist, wie schon mehr-
malen gedacht, leer, oder wenigstens mit unendlich dünner
Materie angefüllet, [156] welche folglich kein Mittel hat abgeben können, denen Himmelskörpern gemeinschaftliche Bewegungen einzudrücken. Diese Schwierigkeit ist so bedeutend
und gültig, dass N e w t o n, welcher Ursache hatte, den Einsichten

seiner Weltweisheit, so viel als irgend ein Sterblicher zu vertrauen, sich genöthiget sahe, allhier die Hoffnung aufzugeben, die Eindrückung der den Planeten beywohnenden Schwungskräfte, ohnerachtet aller Uebereinstimmung, welche auf einen mechanischen Ursprung zeigete, durch die Gesetze der Natur und die Kräfte der Materie, aufzulösen. Ob es gleich vor einen Philosophen eine betrübte Entschliessung ist, bey einer zusammengesetzten, und noch weit von den einfachen Grundgesetzen entferneten Beschaffenheit, die Bemühung der Untersuchung aufzugeben, und sich mit der Anführung des unmittelbaren Willens GOttes zu begnügen; so erkannte doch Newton hier die Grenzscheidung, welche die Natur und den Finger GOttes, den Lauf der eingeführten Gesetze der ersteren, und den Wink des letzteren, von einander scheidet. Nach eines so grossen Weltweisen Verzweifelung scheinet es eine Vermessenheit zu seyn, noch einen glücklichen Fortgang in einer Sache, von solcher Schwierigkeit, zu hoffen.

Allein eben dieselbe Schwierigkeit, welche dem Newton die Hoffnung benahm, die denen Himmelskörpern ertheilte Schwungskräfte, deren Richtung und Bestimmungen das Systematische des Weltbaues ausmachet, aus denen Kräften der Natur [157] zu begreiffen, ist die Qvelle der Lehrverfassung gewesen, die wir in den vorigen Hauptstücken vorgetragen haben. Sie gründet einen mechanischen Lehrbegriff; aber einen solchen, der weit von demjenigen entfernet ist, welchen Newton unzulänglich befand, und um dessen willen er alle Unterursachen verwarf, weil er (wenn ich es mir unterstehen darf, zu sagen,) darinn irrete, dass er ihn vor den einzigen, unter allen möglichen seiner Art, hielte. Es ist ganz leicht und natürlich, selbst vermittelst der Schwierigkeit des Newton, durch eine kurze und gründliche Schlussfolge auf die Gewissheit derjenigen mechanischen Erklärungsart zu kommen, die wir in dieser Abhandlung entworfen haben. Wenn man voraussetzt, (wie man denn nicht umhin kan, es zu bekennen,) dass die obigen Analogien es mit grössester Gewissheit festsetzen, dass die harmonirenden, und sich auf einander ordentlich beziehenden Bewegungen und Kreise der Himmelskörper, eine natürliche Ursache, als ihren Ursprung, anzeigen; so kan diese doch nicht dieselbe Materie seyn, welche anjetzt den Himmelsraum erfüllet. Also muss diejenige, welche ehedem diese Räume erfüllete, und deren Bewegung der Grund von den gegenwärtigen Umläufen der Himmelskörper gewesen ist, nachdem sie

sich auf diese Kugeln versammlet, und dadurch die Räume
gereiniget hat, die man anjetzt leer siehet, oder, welches unmittelbar hieraus herfliesset, die Materie selber, daraus die
Planeten, die Cometen, ja die Sonne, bestehen, müssen anfänglich in dem Raume des planetischen Systems ausgebreitet
[158] gewesen seyn, und in diesem Zustande sich in Bewegungen versetzet haben, welche sie behalten haben, als sie
sich in besondere Klumpen vereinigten, und die Himmelskörper
bildeten, welche alle den ehemals zerstreueten Stoff der Weltmaterie in sich fassen.   Man ist hiebey nicht lange in Verlegenheit, das Triebwerk zu entdecken, welches diesen Stoff
der sich bildenden Natur in Bewegung gesetzt haben möge.
Der Antrieb selber, der die Vereinigung der Massen zuwege
brachte, die Kraft der Anziehung, welche der Materie wesentlich beywohnet, und sich daher, bey der ersten Regung der
Natur, zur ersten Ursache der Bewegung so wohl schicket,
war die Quelle derselben.   Die Richtung, welche bey dieser
Kraft immer gerade zum Mittelpunkte hin zielet, macht allhier
kein Bedenken; denn es ist gewiss, dass der feine Stoff zerstreueter Elemente in der senkrechten Bewegung, sowohl durch
die Mannigfaltigkeit der Attractionspunkte, als durch die Hinderniss, die einander ihre durchkreutzende Richtungslinien leisten,
hat in verschiedene Seitenbewegungen ausschlagen müssen, bey
denen das gewisse Naturgesetz, welches macht, dass alle
einander, durch gewechselte Wirkung einschränkende Materie,
sich zuletzt auf einen solchen Zustand bringet, da eine der
andern so wenig Veränderung, als möglich, mehr zuziehet,
sowohl die Einförmigkeit der Richtung, als auch die gehörigen
Grade der Geschwindigkeiten, hervorgebracht hat, die in jedem
Abstande nach der Centralkraft abgewogen seyn, und durch
deren Verbindung weder über noch [159] unter sich auszuschweifen trachten: da alle Elemente also nicht allein nach
einer Seite, sondern auch bey nahe in parallelen und freyen
Zirkeln, um den gemeinschaftlichen Senkungspunkt, in dem
dünnen Himmelsraume umlaufend gemacht worden.   Diese
Bewegungen der Theile musten hernach fortdauern, als sich
planetische Kugeln daraus gebildet hatten, und bestehen anjetzt durch die Verbindung des einmal eingepflanzten Schwunges
mit der Centralkraft, in unbeschränkte künftige Zeiten.   Auf
diesem so begreiflichen Grunde beruhen die Einförmigkeit der
Richtungen in den Planetenkreisen, die genaue Beziehung auf
eine gemeinschaftliche Fläche, die Mässigung der Schwungs-

kräfte nach der Attraction des Ortes, die mit den Entfernungen abnehmende Genauheit dieser Analogien, und die freye Abweichung der äussersten Himmelskörper nach beyden Seiten sowohl, als nach entgegengesetzter Richtung. Wenn diese Zeichen der gewechselten Abhängigkeit in denen Bestimmungen der Erzeugung auf eine, durch den ganzen Raum verbreitete ursprünglich bewegte Materie, mit offenbarer Gewissheit zeigen; so beweiset der gänzliche Mangel aller Materien in diesem nunmehro leeren Himmelsraume, ausser derjenigen, woraus die Körper der Planeten, der Sonne und der Cometen zusammengesetzt seyn, dass diese selber im Anfange in diesem Zustande der Ausbreitung, müsse gewesen seyn. Die Leichtigkeit und Richtigkeit, mit welcher aus diesem angenommenen Grundsatze, alle Phänomena des Weltbaues in den vorigen Hauptstücken [160] hergeleitet worden, ist eine Vollendung solcher Muthmassung, und giebt ihr einen Werth, der nicht mehr willkührlich ist.

Die Gewissheit einer mechanischen Lehrverfassung von dem Ursprunge des Weltgebäudes, vornemlich des unsrigen, wird auf den höchsten Gipfel der Ueberzeugung erhoben, wenn man die Bildung der Himmelskörper selber, die Wichtigkeit und Grösse ihrer Massen nach dem Verhältnissen erweget, die sie, in Ansehung ihres Abstandes von dem Mittelpunkte der Gravitation, haben. Denn erstlich ist die Dichtigkeit ihres Stoffes, wenn man sie im ganzen ihres Klumpens erweget, in beständigen Graden mit den Entfernungen von der Sonne abnehmend: eine Bestimmung, die so deutlich auf die mechanische Bestimmungen der ersten Bildung zielet, dass man nichts mehr verlangen kan. Sie sind aus solchen Materien zusammengesetzet, deren die von schwererer Art einen tiefern Ort zu dem gemeinschaftlichen Senkungspunkte; die von leichterer Art aber, einen entferneteren Abstand bekommen haben: welche Bedingung, in aller Art der natürlichen Erzeugung, nothwendig ist. Aber bey einer unmittelbar aus dem göttlichen Willen fliessenden Errichtung, ist nicht der mindeste Grund zu gedachten Verhältnisse anzutreffen. Denn ob es gleich scheinen möchte, dass die entfernetern Kugeln aus leichterem Stoffe bestehen müsten, damit sie von der geringern Kraft der Sonnenstrahlen die nöthige Wirkung verspüren [161] könnten; so ist dieses doch nur ein Zweck, der auf die Beschaffenheit der auf der Oberfläche befindlichen Materien, und nicht auf die tieferen Sorten seines inwendigen Klumpens zielet, als in welche

die Sonnenwärme niemals einige Wirkung thut, die auch nur
dienen die Attraction des Planeten, welche die ihn umgebenden
Körper zu ihm sinkend machen soll, zu bewirken, und daher
nicht die mindeste Beziehung auf die Stärke oder Schwäche
der Sonnenstrahlen haben darf. Wenn man daher fraget, woher die aus den richtigen Rechnungen des Newton gezogene
Dichtigkeiten der Erde, des Jupiters, des Saturns sich gegeneinander wie 400, 94½ und 64 verhalten; so wäre es ungereimt die Ursache der Absicht GOttes, welcher sie nach den
Graden der Sonnenwärme gemässiget hat, beyzumessen; denn
da kan unsere Erde uns zum Gegenbeweise dienen, bey der
die Sonne nur in eine so geringe Tiefe unter der Oberfläche
durch ihre Strahlen wirket, dass derjenige Theil ihres Klumpens, der dazu einige Beziehung haben muss, bey weitem nicht
den millionsten Theil des ganzen beträgt, wovon das übrige
in Ansehung dieser Absicht völlig gleichgültig ist. Wenn
also der Stoff, daraus die Himmelskörper bestehen, ein ordentliches mit den Entfernungen harmonirendes Verhältniss, gegen
einander hat, und die Planeten einander anjetzt nicht einschränken können, da sie nun in leerem Raume von einander
abstehen; so muss ihre Materie vordem in einem Zustande
gewesen seyn, da sie in einander gemeinschaftliche Wirkung
thun können, um sich in die, ihrer specifischen [162] Schweere
proportionirte Oerter, einzuschränken, welches nicht anders
hat geschehen können, als dass ihre Theile vor der Bildung
in dem ganzen Raume des Systems ausgebreitet gewesen, und,
dem allgemeinen Gesetze der Bewegung gemäss, Oerter gewonnen haben, welche ihrer Dichtigkeit gebühren.

Das Verhältniss unter der Grösse der planetischen Massen,
welches mit den Entfernungen zunimmt, ist der zweyte Grund
der die mechanische Bildung der Himmelskörper, und vornemlich unsere Theorie von derselben, klärlich beweiset. Warum
nehmen die Massen der Himmelskörper ohngefehr mit den Entfernungen zu? Wenn man einer der Wahl GOttes alles zu-
schreibenden Lehrart nachgehet; so könnte keine andere Absicht
gedacht werden, warum die entfernetern Planeten grössere
Massen haben müssen, als damit sie die vorzügliche Stärke
ihrer Anziehung in ihrer Sphäre einen oder etliche Monde
begreifen könten, welche dienen sollen den Bewohnern, welche
vor sie bestimmt sind, den Aufenthalt bequemlich zu machen.
Allein dieser Zweck konte eben sowohl durch eine vorzügliche Dichtigkeit in dem inwendigen ihres Klumpens erhalten

werden, und warum muste denn die aus besonderen Gründen
fliessende Leichtigkeit des Stoffes, welche diesem Verhältniss
entgegen ist bleiben, und durch den Vorzug des Volumens so
weit übertroffen werden, dass dennoch die Masse der obern
wichtiger als der untern ihre würde? Wenn man nicht auf
die Art der natürlichen Erzeugung dieser [163] Körper Acht
hat; so wird man schwerlich von diesem Verhältnisse Grund
geben können: aber in Betrachtung derselben ist nichts leichter,
als diese Bestimmung zu begreifen. Als der Stoff aller Weltkörper in den Raum des planetischen Systems noch ausgebreitet war; so bildete die Anziehung aus diesen Theilchen
Kugeln, welche ohne Zweifel um desto grösser werden musten,
je weiter der Ort ihrer Bildungssphäre von demjenigen allgemeinen Centralkörper entfernet war, der aus dem Mittelpunkte des ganzen Raumes, durch eine vorzüglich mächtige
Attraction diese Vereinigung, so viel an ihm ist, einschränkete
und hinderte.

Man wird die Merkmale dieser Bildung der Himmelskörper
aus dem, im Anfange ausgebreitet gewesenem Grundstoffe mit
Vergnügen an der Weite der Zwischenräume gewahr, die ihre
Kreise von einander scheiden, und die nach diesem Begriffe
als die leeren Fächer müssen angesehen werden, aus denen
die Planeten die Materie zu ihrer Bildung hergenommen haben.
Man siehet, wie diese Zwischenräume zwischen den Kreisen
ein Verhältniss zu der Grösse der Massen haben, die daraus
gebildet seyn. Die Weite zwischen dem Kreise des Jupiters
und des Mars ist so gross, dass der darin beschlossene Raum
die Fläche aller unteren Planetenkreise zusammengenommen
übertrift: allein er ist des grössesten unter allen Planeten
würdig, desjenigen, der mehr Masse hat, als alle übrigen zusammen. Man kan diese Entfernung des Jupiters von dem
Mars nicht der Absicht beymessen, dass ihre Attractionen
einander so wenig als [164] möglich, hindern solten. Denn
nach solchem Grunde würde sich der Planet zwischen zwey
Kreisen allemal demjenigen am nächsten befinden, dessen mit
der seinigen vereinigte Attraction die beyderseitigen Umläufe
um die Sonne, am wenigsten stöhren kan: folglich demjenigen,
der die kleinste Masse hat. Weil nun nach den richtigen
Rechnungen Newtons die Gewalt, womit Jupiter in den Lauf
des Mars wirken kan, zu derjenigen, die er in den Saturn
durch die vereinigte Anziehung ausübet, wie $\frac{1}{12512}$ zu $\frac{1}{200}$
verhält; so kan man leicht die Rechnung machen, um wie

viel Jupiter sich dem Kreise des Mars näher befinden müste,
als des Saturns seinem, wenn ihr Abstand durch die Absicht
ihrer äusserlichen Beziehung, und nicht durch den Mechanismus
ihrer Erzeugung bestimmt worden wäre. Da dieses sich nun
aber ganz anders befindet: da ein planetischer Kreis in Ansehung der zwey Kreise, die über und unter ihm seyn, sich
oft von demjenigen abstehender befindet, in welchem ein klei-
nerer Planet läuft, als die Bahn dessen von grösserer Masse;
die Weite des Raumes aber um den Kreis eines jeden Planeten, allemal ein richtiges Verhältniss zu seiner Masse hat;
so ist klar, dass die Art der Erzeugung diese Verhältnisse
müsse bestimmt haben, und dass, weil diese Bestimmungen so,
wie die Ursache und die Folgen derselben scheinen, verbunden
zu seyn, man es wohl am richtigsten treffen wird, wenn man
die, zwischen den Kreisen begriffene Räume als die Behält-
nisse desjenigen Stoffes ansiehet, daraus sich die [165] Planeten
gebildet haben: woraus unmittelbar folget, dass deren Grösse
dieser ihren Massen proportionirt seyn muss, welches Verhältniss aber bey denen entfernetern Planeten durch die, in
dem ersten Zustande grössere Zerstreuung der elementarischen
Materie in diesen Gegenden vermehret wird. Daher von zwey
Planeten die an Masse einander ziemlich gleich kommen, der
entferntere einen grössern Bildungsraum, d. i. einen grössern
Abstand von den beyden nächsten Kreisen haben muss, sowohl weil der Stoff daselbst an sich specifisch leichterer Art,
als auch, weil er zerstreuter war, als bey dem, so sich näher
zu der Sonne bildete. Daher obgleich die Erde zusammt dem
Monde der Venus noch nicht an körperlichen Innhalte gleich
zu seyn scheinet, so hat sie dennoch um sich einen grössern
Bildungsraum erfordert: weil sie sich aus einem mehr zerstreuten Stoffe zu bilden hatten, als dieser untere Planet. Vom
Saturn ist aus diesen Gründen zu vermuthen, dass seine Bildungssphäre sich auf der abgelegenen Seite viel weiter wird
ausgebreitet haben, als auf der Seite gegen den Mittelpunkt
hin, (wie denn dieses fast von allen Planeten gilt;) und daher
wird der Zwischenraum zwischen den Saturnuskreise, und der
Bahn des diesem Planeten zunächst obern Himmelskörpers,
den man über ihn vermuthen kan, viel weiter, als zwischen
eben demselben und dem Jupiter, seyn[33]).

Also gehet alles in dem planetischen Weltbaue stuffen-
weise, mit richtigen Beziehungen zu der ersten erzeugenden
Kraft, die neben dem Mittelpunkte wirksamer als in der Ferne

gewesen, in alle [**166**] unbeschränkte Weiten fort. Die Verminderung der eingedruckten schiessenden Kraft, die Abweichung von der genauesten Uebereinstimmung in der Richtung und der Stellung der Kreise, die Dichtigkeiten der Himmelskörper, die Sparsamkeit der Natur in Absehen auf den Raum ihrer Bildung: alles vermindert sich stuffenartig von dem Centro in die weiten Entfernungen; alles zeiget, dass die erste Ursache an die mechanischen Regeln der Bewegung gebunden gewesen, und nicht durch eine freye Wahl gehandelt hat.

Allein was so deutlich, als irgend sonsten etwas, die natürliche Bildung der Himmelskugeln aus dem ursprünglich in dem Raume des Himmels, der nunmehro leer ist, ausgebreitet gewesenen Grundstoffe anzeiget, ist diejenige Uebereinstimmung, die ich von dem Herrn von Buffon entlehne, die aber in seiner Theorie bey weitem den Nutzen, als in der unsrigen, nicht hat. Denn nach seiner Bemerkung, wenn man die Planeten, deren Massen man durch Rechnung bestimmen kan, zusammen summiret: nemlich den Saturn, den Jupiter, die Erde und den Mond; so geben sie einen Klumpen, dessen Dichtigkeit der Dichtigkeit des Sonnenkörpers wie 640 zu 650 beykömmt, welche, da es die Hauptstücke in den planetischen System sind, gegen die übrigen Planeten Mars, Venus und Merkur kaum verdienen gerechnet zu werden; so wird man billig über die merkwürdige Gleichheit erstaunen, die zwischen der Materie des gesammten planetischen Gebäudes, wenn es als in einem Klumpen vereinigt betrachtet wird, und zwischen [**167**] der Masse der Sonnen herrschet [34]. Es wäre ein unverantwortlicher Leichtsinn, diese Analogie einem Ungefehr zuzuschreiben, welche unter einer Mannigfaltigkeit so unendlich verschiedener Materien, deren nur allein auf unserer Erde einige anzutreffen sind, die 15 tausendmal an Dichtigkeit von einander übertroffen worden, dennoch im ganzen der Verhältniss von 1 bis 1 so nahe kommen: und man muss zugeben, dass wenn man die Sonne als ein Mengsel von allen Sorten Materie, die in dem planetischen Gebäude von einander geschieden seyn, betrachtet, alle insgesammt sich in einem Raume scheinen gebildet zu haben, der ursprünglich mit gleichförmig ausgebreiteten Stoffe erfüllet war, und auf dem Centralkörper sich ohne Unterschied versammlet, zur Bildung der Planeten aber nach Massgebung der Höhen eingetheilet worden. Ich überlasse es denen, die die mechanische Erzeugung der Weltkörper nicht zugeben können, aus dem Bewegungsgründen der Wahl

GOttes diese so besondere Uebereinstimmung, wo sie können,
zu erklären. Ich will endlich aufhören, eine Sache von so
überzeugender Deutlichkeit, als die Entwickelung des Weltgebäudes aus den Kräften der Natur ist, auf mehr Beweisthümer zu gründen. Wenn man im Stande ist, bey so vieler
Ueberführung unbeweglich zu bleiben; so muss man entweder
gar zu tief in den Fesseln des Vorurtheils liegen, oder gänzlich unfähig seyn, sich über den Wust hergebrachter Meinungen, zu der Betrachtung der allerreinsten Wahrheit, empor
zu schwingen. Indessen ist zu glauben, dass niemand als
die Blödsinnigen, [168] auf deren Beyfall man nicht rechnen
darf, die Richtigkeit dieser Theorie verkennen könte, wenn
die Uebereinstimmungen, die der Weltbau in allen seinen Verbindungen zu dem Nutzen der vernünftigen Creatur hat, nicht
etwas mehr, als blosse allgemeine Naturgesetze zum Grunde
zu haben schienen. Man glaubt auch mit Recht, dass ge-
schickte Anordnungen, welche auf einen würdigen Zweck ab-
zielen, einen weisen Verstand zum Urheber haben müssen, und
man wird völlig befriedigt werden, wenn man bedenkt, dass,
da die Naturen der Dinge keine andere, als eben diese Urquelle erkennen, ihre wesentliche und allgemeine Beschaffenheiten eine natürliche Neigung zu anständigen und unter
einander wohl übereinstimmenden Folgen haben müssen. Man
wird sich also nicht befremden dörfen, wenn man zum gewechselten Vortheile der Creaturen gereichende Einrichtungen
der Weltverfassung gewahr wird, selbige einer natürlichen
Folge aus den allgemeinen Gesetzen der Natur beyzumessen,
denn was aus diesem herfliesset, ist nicht die Wirkung des
blinden Zufalles oder der unvernünftigen Nothwendigkeit: es
gründet sich zuletzt doch in der höchsten Weisheit, von der
die allgemeinen Beschaffenheiten ihre Uebereinstimmung entlehnen. Der eine Schluss ist ganz richtig: Wenn in der Verfassung der Welt, Ordnung und Schönheit hervorleuchten; so
ist ein GOtt. Allein, der andere ist nicht weniger gegründet:
Wenn diese Ordnung aus allgemeinen Naturgesetzen hat her-
fliessen können; so ist die ganze Natur nothwendig eine Wirkung der höchsten Weisheit.

[169] Wenn man es sich aber durchaus belieben lässt, die
unmittelbare Anwendung der göttlichen Weisheit an allen Anordnungen der Natur, die unter sich Harmonie und nützliche
Zwecke begreiffen, zu erkennen, indem man der Entwickelung
aus allgemeinen Bewegungsgesetzen keine übereinstimmende

Folgen zutrauet; so wollte ich rathen, in der Beschauung des Weltbaues seine Augen nicht auf einen einzigen unter den Himmelskörpern, sondern auf das Ganze zu richten, um sich aus diesem Wahne auf einmal heraus zu reissen. Wenn die schiefe Lage der Erdachse, gegen die Fläche ihres jährlichen Laufes, durch die beliebte Abwechselung der Jahreszeiten, ein Beweisthum der unmittelbaren Hand GOttes seyn soll, so darf man nur diese Beschaffenheit bey den andern Himmelskörpern dagegen halten; so wird man gewahr werden, dass sie bey jedem derselben abwechselt, und dass in dieser Verschiedenheit es auch einige giebt, die sie gar nicht haben: wie z. E. Jupiter, dessen Achse senkrecht zu dem Plane seines Kreises ist, und Mars, dessen seine es beynahe ist, welche beyde keine Verschiedenheit der Jahreszeiten geniessen, und doch eben sowohl Werke der höchsten Weisheit, als die andern, sind. Die Begleitung der Monde beym Saturn, dem Jupiter und der Erde, würden scheinen, besondere Anordnungen des Wesens zu seyn, wenn die freye Abweichung von diesem Zwecke, durch das ganze System des Weltbaues, nicht anzeigte, dass die Natur, ohne durch einen ausserordentlichen Zwang in ihrem freyen Betragen gestört zu seyn, diese Bestimmungen hervorgebracht habe. Jupiter hat vier Monde, Saturn [170] fünf, die Erde einen, die übrigen Planeten gar keinen; ob es gleich scheinet, dass diese, wegen ihrer längeren Nächte, derselben bedürftiger wären, als jene. Wenn man die proportionirte Gleichheit, der den Planeten eingedrückten Schwungskräfte, mit den Centralneigungen ihres Abstandes, als die Ursache, woher sie beynahe in Zirkeln um die Sonne laufen, und, durch die Gleichmässigkeit der von dieser ertheilten Wärme, zu Wohnplätzen vernünftiger Creaturen geschickt werden, bewundert, und sie, als den unmittelbaren Finger der Allmacht, ansiehet; so wird man auf einmal auf die allgemeinen Gesetze der Natur zurück geführet, wenn man erweget, dass diese planetische Beschaffenheit sich nach und nach, mit allen Stufen der Verminderung, in der Tiefe des Himmels verlieret, und dass eben die höchste Weisheit, welche an der gemässigten Bewegung der Planeten ein Wohlgefallen gehabt hat, auch die Mängel nicht ausgeschlossen, mit welchen sich das System endiget, indem es in der völligen Unregelmässigkeit und Unordnung aufhöret. Die Natur, ohnerachtet sie eine wesentliche Bestimmung zur Vollkommenheit und Ordnung hat, fasset in dem Umfange ihrer Mannigfaltigkeit alle mögliche Abwechselungen, sogar bis auf die Mängel und Abweichungen, in sich. Eben dieselbe unbeschränkte Fruchtbarkeit derselben hat die bewohnten Himmelskugeln sowohl, als die Cometen, die nützlichen Berge und die schädlichen Klippen, die bewohnbaren Landschaften und öden Wüsteneyen, die Tugenden und Laster, hervorgebracht.

Allgemeine

Naturgeschichte und Theorie des Himmels.

Dritter Theil,

welcher

einen Versuch einer auf die Analogien der Natur gegründeten Vergleichung, zwischen den Einwohnern verschiedener Planeten, in sich enthält.

> Wer das Verhältniss aller Welten, von einem Theil
> zum anderen weis,
> Wer aller Sonnen Menge kennet, und jeglichen Planetenkreis:
> Wer die verschiedenen Bewohner von einem
> jeden Stern erkennet,
> Dem ist allein, warum die Dinge so seyn, als
> wie sie seyn, vergönnet,
> Zu fassen, und uns zu erklären.   Pope.

[173]   ## Anhang,

von

den Bewohnern der Gestirne.

Weil ich davor halte, dass es den Charakter der Weltweisheit entehren heisse, wenn man sich ihrer gebrauchet, mit einer Art von Leichtsinn freye Ausschweifungen des Witzes, mit einiger Scheinbarkeit, zu behaupten, wenn man sich gleich erklären wolte, dass es nur geschähe, um zu belustigen; [174] so werde in gegenwärtigem Versuche keine anderen Sätze anführen, als solche, die zur Erweiterung unseres Erkenntnisses wirklich beytragen können, und deren Wahrscheinlichkeit zugleich so wohl gegründet ist, dass man sich kaum entbrechen kan, sie gelten zu lassen.

Obgleich es scheinen möchte, dass in dieser Art des Vorwurfes, die Freyheit zu erdichten, keine eigentliche Schranken habe, und dass man in dem Urtheil von der Beschaffenheit der Einwohner entlegener Welten, mit weit grösserer Ungebundenheit, der Phantasey könne den Zügel schiessen lassen, als ein Mahler in der Abbildung der Gewächse oder Thiere unentdeckter Länder, und dass dergleichen Gedanken weder recht erwiesen, noch widerleget werden könten; so muss man doch gestehen, dass die Entfernungen der Himmelskörper von der Sonne gewisse Verhältnisse mit sich führen, welche einen wesentlichen Einfluss, in die verschiedenen Eigenschaften der denkenden Naturen, nach sich ziehen, die auf denenselben befindlich sind, als deren Art zu wirken und zu leiden, an die Beschaffenheit der Materie, mit der sie verknüpfet seyn, gebunden ist, und von dem Maass der Eindrücke abhänget, die die Welt, nach den Eigenschaften der Beziehung ihres Wohnplatzes, zu dem Mittelpunkte der Attraction und der Wärme, in ihnen erwecket.

Ich bin der Meinung, dass es eben nicht nothwendig sey, zu behaupten, alle Planeten müssten bewohnt seyn, ob es gleich eine Ungereimtheit wäre, [175] dieses, in Ansehung aller, oder auch nur der meisten, zu leugnen. Bey dem Reichthume der Natur, da Welten und Systeme, in Ansehung des Ganzen der Schöpfung, nur Sonnenstäubchen seyn, könnte es auch wohl öde und unbewohnte Gegenden geben, die nicht auf das genaueste zu dem Zwecke der Natur, nemlich der Betrachtung vernünftiger Wesen, genutzet würden. Es wäre, als wenn man sich aus dem Grunde der Weisheit GOttes ein Bedenken machen wolte, zuzugeben, dass sandigte und unbewohnte Wüsteneyen grosse Strecken des Erdbodens einnehmen, und dass es verlassene Inseln im Weltmeere gebe, darauf kein Mensch befindlich ist. Indessen ist ein Planet, viel weniger in Ansehung des Ganzen der Schöpfung, als eine Wüste, oder Insel, in Ansehung des Erdbodens.

Vielleicht, dass sich noch nicht alle Himmelskörper völlig ausgebildet haben; es gehören Jahrhunderte, und vielleicht tausende von Jahren dazu, bis ein grosser Himmelskörper einen festen Stand seiner Materien erlanget hat. Jupiter scheinet noch in diesem Streite zu seyn. Die merkliche Abwechselung seiner Gestalt, zu verschiedenen Zeiten, hat die Astronomen schon vorlängst muthmassen lassen, dass er grosse Umstürzungen erleiden müsse, und bey weiten so ruhig auf seiner Oberfläche nicht sey, als es ein bewohnbarer Planet seyn muss. Wenn er keine Bewohner hat, und auch keine jemals haben solte, was vor ein unendlich kleiner Aufwand der [176]

Natur wäre dieses, in Ansehung der Unermesslichkeit der ganzen Schöpfung? Und wäre es nicht vielmehr ein Zeichen der Armuth, als des Ueberflusses derselben, wenn sie in jedem Punkte des Raumes so sorgfältig seyn solte, alle ihre Reichthümer aufzuzeigen?

Allein, man kan noch mit mehr Befriedigung vermuthen, dass, wenn er gleich jetzt unbewohnt ist, er dennoch es dereinst werden wird, wenn die Periode seiner Bildung wird vollendet seyn. Vielleicht ist unsere Erde tausend oder mehr Jahre vorhanden gewesen, ehe sie sich in Verfassung befunden hat, Menschen, Thiere und Gewächse unterhalten zu können. Dass ein Planet nun einige tausend Jahre später zu dieser Vollkommenheit kommt, das thut dem Zwecke seines Daseyns keinen Abbruch. Er wird eben um deswillen auch ins zukünftige länger in der Vollkommenheit seiner Verfassung, wenn er sie einmal erreichet hat, verbleiben; denn es ist einmal ein gewisses Naturgesetz: alles, was einen Anfang hat, nähert sich beständig seinem Untergange, und ist demselben um so viel näher, je mehr es sich von dem Punkte seines Anfanges entfernet hat.

Die satyrische Vorstellung jenes witzigen Kopfes aus dem Haag, welcher, nach der Anführung der allgemeinen Nachrichten aus dem R. d. Wissenschaften, die Einbildung von der nothwendigen Bevölkerung aller Weltkörper, auf der lächerlichen Seite vorzustellen wuste, kan nicht anders, [177] als gebilliget werden. »Diejenigen Creaturen,« spricht er, »welche die Wälder auf dem Kopfe eines Bettlers bewohnen, »hatten schon lange ihren Aufenthalt vor eine unermessliche »Kugel, und sich selber, als das Meisterstück der Schöpfung, »angesehen, als einer unter ihnen, den der Himmel mit einer »feinern Seele begabet hatte, ein kleiner Fontenelle seines »Geschlechts, den Kopf eines Edelmanns unvermuthet gewahr »ward. Alsbald rief er alle witzige Köpfe seines Quartiers »zusammen, und sagte ihnen mit Entzückung: wir sind nicht »die einzigen belebten Wesen der ganzen Natur: sehet hier »ein neues Land, hie wohnen mehr Läuse.« Wenn der Ausgang dieses Schlusses ein Lachen erwecket; so geschicht es nicht um deswillen, weil er von der Menschen Art, zu urtheilen, weit abgehet; sondern, weil eben derselbe Irrthum, der bey dem Menschen eine gleiche Ursache zum Grunde hat, bey diesen mehr Entschuldigung zu verdienen scheinet.

Lasst uns ohne Vorurtheil urtheilen. Dieses Insekt,

welches, sowohl seiner Art zu leben, als auch seiner Nichts-
würdigkeit nach, die Beschaffenheit der meisten Menschen sehr
wohl ausdrückt, kan mit gutem Fuge zu einer solchen Vergleichung gebraucht werden. Weil, seiner Einbildung nach,
der Natur an seinem Daseyn unendlich viel gelegen ist: so
hält es die ganze übrige Schöpfung vor vergeblich, die nicht
eine genaue Abzielung auf sein Geschlechte, als den Mittelpunkt ihrer Zwecke, mit sich führet. Der Mensch, welcher
gleich unendlich [178] weit von der obersten Stufe der Wesen
abstehet, ist so verwegen, von der Nothwendigkeit seines Daseyns, sich mit gleicher Einbildung zu schmeicheln. Die
Unendlichkeit der Schöpfung fasset alle Naturen, die ihr
überschwenglicher Reichthum hervorbringt, mit gleicher Nothwendigkeit in sich. Von der erhabensten Classe, unter den
denkenden Wesen, bis zu dem verachtetesten Insekt, ist ihr
kein Glied gleichgültig; und es kan keins fehlen, ohne dass
die Schönheit des Ganzen, welche in dem Zusammenhange
bestehet, dadurch unterbrochen würde. Indessen wird alles,
durch allgemeine Gesetze, bestimmet, welche die Natur, durch
die Verbindung ihrer ursprünglich eingepflanzten Kräfte, bewirket. Weil sie in ihrem Verfahren lauter Wohlanständigkeit und Ordnung hervorbringt; so darf keine einzelne Absicht
ihre Folgen stören und unterbrechen. Bey ihrer ersten Bildung
war die Erzeugung eines Planeten nur eine unendlich kleine
Folge ihrer Fruchtbarkeit; und nun wäre es etwas ungereimtes,
dass ihre so wohlgegründete Gesetze, den besondern Zwecken
dieses Atomus nachgeben solten. Wenn die Beschaffenheit
eines Himmelskörpers der Bevölkerung natürliche Hindernisse
entgegen setzet: so wird er unbewohnt seyn, obgleich es an
und vor sich schöner wäre, dass er Einwohner hätte. Die
Treflichkeit der Schöpfung verlieret dadurch nichts: denn das
Unendliche ist unter allen Grössen diejenige, welche, durch
Entziehung eines endlichen Theiles, nicht vermindert wird.
Es wäre, als wenn man klagen wolte, dass der Raum, zwischen dem [179] Jupiter und dem Mars, so unnöthig leer
stehet, und dass es Cometen giebt, welche nicht bevölkert
sind. In der That, jenes Insekt mag uns so nichtswürdig
scheinen, als es wolle, es ist der Natur gewiss an der Erhaltung ihrer ganzen Classe mehr gelegen, als an einer kleinen
Zahl vortreflicherer Geschöpfe, deren es dennoch unendlich
viel giebt, wenn ihnen gleich eine Gegend, oder Ort, beraubet
seyn solte. Weil sie in Hervorbringung beyder unerschöpflich

ist, so sieht man ja gleich unbekümmert, beyde in ihrer Erhaltung und Zerstörung, den allgemeinen Gesetzen überlassen. Hat wohl jemals der Besitzer jener bewohnten Wälder, auf dem Kopfe des Bettlers, grössere Verheerungen unter dem Geschlechte dieser Colonie gemacht, als der Sohn Philipps, in dem Geschlechte seiner Mitbürger, anrichtete, als es ihm sein böser Genius in den Kopf gesetzet hatte, dass die Welt nur um seinetwillen hervorgebracht sey?

Indessen sind doch die meisten unter den Planeten gewiss bewohnt, und die es nicht sind, werden es dereinst werden. Was vor Verhältnisse werden nun, unter den verschiedenen Arten dieser Einwohner, durch die Beziehung ihres Ortes in dem Weltgebäude zu dem Mittelpunkte, daraus sich die Wärme verbreitet, die alles belebt, verursachet werden. Denn es ist gewiss, dass diese, unter den Materien dieser Himmelskörper, nach Proportion ihres Abstandes, gewisse Verhältnisse in ihren Bestimmungen mit sich führet. Der Mensch, welcher [180] unter allen vernünftigen Wesen dasjenige ist, welches wir am deutlichsten kennen, ob uns gleich seine innere Beschaffenheit annoch ein unerforschtes Problema ist, muss in dieser Vergleichung zum Grunde und zum allgemeinen Beziehungspunkte dienen. Wir wollen ihn allhier nicht nach seinen moralischen Eigenschaften, auch nicht nach der physischen Einrichtung seines Baues betrachten: wir wollen nur untersuchen, was das Vermögen, vernünftig zu denken, und die Bewegung seines Leibes, die diesem gehorchet, durch die, dem Abstande von der Sonne proportionirte Beschaffenheit der Materie, an die er geknüpfet ist, vor Einschränkungen leide. Des unendlichen Abstandes ungeachtet, welcher zwischen der Kraft, zu denken, und der Bewegung der Materie, zwischen dem vernünftigen Geiste, und dem Körper, anzutreffen ist, so ist es doch gewiss, dass der Mensch, der alle seine Begriffe und Vorstellungen von dem Eindrucke her hat, die das Universum, vermittelst des Körpers, in seiner Seele erreget, sowohl in Ansehung der Deutlichkeit derselben, als auch der Fertigkeit, dieselbe zu verbinden und zu vergleichen, welche man das Vermögen zu denken nennet, von der Beschaffenheit dieser Materie völlig abhängt, an die der Schöpfer ihn gebunden hat.

Der Mensch ist erschaffen, die Eindrücke und Rührungen, die die Welt in ihm erregen soll, durch denjenigen Körper anzunehmen, der der sichtbare Theil seines Wesens ist, und dessen Materie nicht allein dem unsichtbaren Geiste, welcher

ihn bewohnet, [181] dienet, die ersten Begriffe der äusseren
Gegenstände einzudrücken; sondern auch in der innern Handlung diese zu wiederholen, zu verbinden: kurz, zu denken,
unentbehrlich ist*). Nach dem Maasse, als sein Körper sich
ausbildet, bekommen die Fähigkeiten seiner denkenden Natur,
auch die gehörigen Grade der Vollkommenheit, und erlangen
allererst ein gesetztes und männliches Vermögen, wenn die
Fasern seiner Werkzeuge die Festigkeit und Dauerhaftigkeit
überkommen haben, welche die Vollendung ihrer Ausbildung
ist. Diejenigen Fähigkeiten entwickeln sich bey ihm früh
genug, durch welche er der Nothdurft, die die Abhängigkeit
von den äusserlichen Dingen ihm zuziehet, genug thun kan.
Bey einigen Menschen bleibt es bey diesem Grade der Auswickelung. Das Vermögen, abgezogene Begriffe zu verbinden,
und durch eine freye Anwendung der Einsichten, über den
Hang der Leidenschaften zu herrschen, findet sich spät ein,
bey einigen niemals in ihrem ganzen Leben; bey allen aber
ist es schwach: es dienet den unteren Kräften, über die es
doch herrschen solte, und in deren Regierung der Vorzug
seiner [182] Natur bestehet. Wenn man das Leben der meisten
Menschen ansiehet: so scheinet diese Creatur geschaffen zu
seyn, um wie eine Pflanze Saft in sich zu ziehen und zu
wachsen, sein Geschlecht fortzusetzen, endlich alt zu werden,
und zu sterben. Er erreichet unter allen Geschöpfen am wenigsten den Zweck seines Daseyns, weil er seine vorzügliche
Fähigkeiten zu solchen Absichten verbrauchet, die die übrigen
Creaturen mit weit minderen, und doch weit sicherer und anständiger, erreichen. Er würde auch das Verachtungswürdigste
unter allen, zum wenigsten in den Augen der wahren Weisheit, seyn, wenn die Hoffnung des Künftigen ihn nicht er-
hübe, und denen, in ihm verschlossenen Kräften, nicht die
Periode einer völligen Auswickelung bevorstünde.

Wenn man die Ursache der Hindernisse untersuchet, welche
die menschliche Natur in einer so tiefen Erniedrigung erhalten; so findet sie sich in der Grobheit der Materie, darinn

---

*) Es ist aus den Gründen der Psychologie ausgemacht, dass,
vermöge der jetzigen Verfassung. darinn die Schöpfung Seele und
Leib von einander abhängig gemacht hat, die erstere nicht allein
alle Begriffe des Universi durch des letztern Gemeinschaft und
Einfluss überkommen muss; sondern auch die Ausübung seiner
Denkungskraft selber auf dessen Verfassung ankommt, und von
dessen Beyhülfe die nöthige Fähigkeit dazu entlehnet.

sein geistiger Theil versenket ist, in der Unbiegsamkeit der
Fasern, und der Trägheit und Unbeweglichkeit der Säfte,
welche dessen Regungen gehorchen sollen. Die Nerven und
Flüssigkeiten seines Gehirnes liefern ihm nur grobe und un-
deutliche Begriffe, und weil er der Reitzung der sinnlichen
Empfindungen, in dem inwendigen seines Denkungsvermögens,
nicht genugsam kräftige Vorstellungen zum Gleichgewichte
entgegen stellen kan: so wird er von seinen Leidenschaften
hingerissen, von dem Getümmel der Elemente, die seine Maschine unterhalten, übertäubet und gestöret. Die Bemühungen
der Vernunft, sich dagegen zu erheben, [183] und diese Verwirrung durch das Licht der Urtheilskraft zu vertreiben, sind
wie die Sonnenblicke, wenn dicke Wolken ihre Heiterkeit unablässig unterbrechen und verdunkeln.

Diese Grobheit des Stoffes und des Gewebes in dem Baue
der menschlichen Natur ist die Ursache derjenigen Trägheit,
welche die Fähigkeiten der Seele in einer beständigen Mattigkeit und Kraftlosigkeit erhält. Die Handlung des Nachden-
kens, und der durch die Vernunft aufgeklärten Vorstellungen
ist ein mühsamer Zustand, darein die Seele sich nicht ohne
Wiederstand setzen kan, und aus welchem sie, durch einen
natürlichen Hang der körperlichen Maschine, alsbald in den
leidenden Zustand zurückfällt, da die sämtlichen Reizungen
alle ihre Handlungen bestimmen und regieren.

Diese Trägheit seiner Denkungskraft, welche eine Folge
der Abhängigkeit von einer groben und ungelenksamen Materie ist, ist nicht allein die Quelle des Lasters, sondern auch
des Irrthums. Durch die Schwierigkeit, welche mit der Bemühung verbunden ist, den Nebel der verwirrten Begriffe zu
zerstreuen, und das durch verglichene Ideen entspringende
allgemeine Erkenntniss von den sinnlichen Eindrücken abzu-
sondern, abgehalten, giebt sie lieber einem übereilten Beyfalle
Platz, und beruhigt sich in dem Besitze einer Einsicht, welche
ihr die Trägheit ihrer Natur und der Wiederstand der Materie kaum von der Seite erblicken lassen.

In dieser Abhängigkeit schwinden die geistigen Fähigkeiten
zugleich mit der Lebhaftigkeit des Leibes: wenn das hohe
Alter durch den geschwächten Umlauf [184] der Säfte nur
dicke Säfte in dem Körper kochet, wenn die Beugsamkeit der
Fasern, und die Behendigkeit in allen Bewegungen abnimmt,
so erstarren die Kräfte des Geistes in einer gleichen Ermattung.
Die Hurtigkeit der Gedanken, die Klarheit der Vorstellung,

die Lebhaftigkeit des Witzes und das Erinnerungsvermögne
werden kraftlos und erkalten. Die durch lange Erfahrung
eingepfropften Begriffe ersetzen noch einigermassen den Abgang dieser Kräfte und der Verstand würde sein Unvermögen
noch deutlicher verrathen, wenn die Heftigkeit der Leidenschaften, die dessen Zügel nöthig haben, nicht zugleich, und
noch eher als er, abnehmen möchten.

Es erhellet demnach hieraus deutlich, dass die Kräfte der
menschlichen Seele von den Hindernissen einer groben Materie,
an die sie innigst verbunden werden, eingeschränket und ge-
hemmet werden; aber es ist etwas noch merkwürdigers, dass
diese specifische Beschaffenheit des Stoffes eine wesentliche
Beziehung zu dem Grade des Hinflusses hat, womit die Sonne
nach dem Masse ihres Abstandes sie belebet, und zu den
Verrichtungen der animalischen Oeconomie tüchtig macht.
Diese nothwendige Beziehung zu dem Feuer, welches sich aus
dem Mittelpunkte des Weltsystems verbreitet, um die Materie
in der nöthigen Regung zu erhalten, ist der Grund einer Analogie, die eben hieraus, zwischen den verschiedenen Bewohnern der Planeten, vest gesetzet wird: und eine jede Classe
derselben ist vermöge dieser Verhältniss an den Ort durch
die Nothwendigkeit [185] ihrer Natur gebunden, der ihr in
dem Universo angewiesen worden.

Die Einwohner der Erde und der Venus können ohne ihr
beyderseitiges Verderben ihre Wohnplätze gegeneinander nicht
vertauschen. Der erstere, dessen Bildungsstoff vor den Grad
der Wärme seines Abstandes proportionirt, und daher vor
einen noch grössern zu leicht und flüchtig ist, würde in einer
erhitzteren Sphäre gewaltsame Bewegungen und eine Zerrüt-
tung seiner Natur erleiden, die von der Zerstreuung und Aus-
trocknung der Säfte und einer gewaltsamen Spannung seiner
elastischen Fasern entstehen würde; der letztere dessen grö-
berer Bau und Trägheit der Elemente seiner Bildung, eines
grossen Einflusses der Sonne bedarf, würde in einer kühleren
Himmelsgegend erstarren und in einer Leblosigkeit verderben.
Eben so müssen es weit leichtere und flüchtigere Materie seyn,
daraus der Körper des Jupiters Bewohners bestehet, damit
die geringe Regung, womit die Sonne in diesem Abstande
würken kan, diese Maschinen eben so kräftig bewegen könne,
als sie es in den unteren Gegenden verrichtet, und damit
alles in einem allgemeinen Begriffe zusammenfasse. Der Stoff
woraus die Einwohner verschiedener Planeten, ja so

gar die Thiere und Gewächse auf denselben, gebildet seyn, muss überhaupt um desto leichterer und feinerer Art, und die Elasticität der Fasern sammt der vortheilhaften Anlage ihres Baues, um desto vollkommener seyn, nach dem Masse als sie weiter von der Sonne abstehen [35].

[186] Dieses Verhältniss ist so natürlich und wohl gegründet, dass nicht allein die Bewegungsgründe des Endzwecks darauf führen, welche in der Naturlehre gemeiniglich nur als schwache Gründe angesehen werden, sondern zugleich die Proportion der specifischen Beschaffenheit der Materien woraus die Planeten bestehen, welche sowohl durch die Rechnungen des Newton, als auch durch die Gründe der Cosmogonie ausgemacht sind, dieselbe bestätigen, nach welchen der Stoff, woraus die Himmelskörper gebildet sind, bey den entfernetern allemal leichterer Art, als bey den nahen ist, welches nothwendig an denen Geschöpfen, die sich auf ihnen erzeugen und unterhalten, ein gleiches Verhältniss nach sich ziehen muss.

Wir haben eine Vergleichung zwischen der Beschaffenheit der Materie, damit die vernünftigen Geschöpfe auf den Planeten wesentlich vereinigt seyn, ausgemacht: und es lässt sich auch nach der Einleitung dieser Betrachtung leichtlich erachten, dass diese Verhältnisse eine Folge, auch in Ansehung ihrer geistigen Fähigkeit, nach sich ziehen werde. Wenn demnach diese geistige Fähigkeiten eine nothwendige Abhängigkeit von dem Stoffe der Maschine haben, welche sie bewohnen; so werden wir mit mehr als wahrscheinlicher Vermuthung schliessen können: dass die Treflichkeit der denkenden Naturen, die Hurtigkeit in ihren Vorstellungen, die Deutlichkeit und Lebhaftigkeit der Begriffe, die sie durch äusserlichen Eindruck bekommen, sammt dem Vermögen sie zusammen zusetzen, endlich auch [187] die Behendigkeit in der wirklichen Ausübung, kurz, der ganze Umfang ihrer Vollkommenheit unter einer gewissen Regel stehen, nach welcher dieselben, nach dem Verhältniss des Abstandes ihrer Wohnplätze von der Sonne, immer treflicher und vollkommener werden.

Da dieses Verhältniss einen Grad der Glaubwürdigkeit hat, der nicht weit von einer ausgemachten Gewissheit entfernet ist, so finden wir ein ofnes Feld zu angenehmen Muthmassungen, die aus der Vergleichung der Eigenschaften dieser verschiedenen Bewohner entspringen. Die menschliche Natur, welche in der Leiter der Wesen gleichsam die mittelste Sprosse inne hat, siehet sich zwischen den zwey äussersten Grenzen der Vollkommenheit mitten inne, von deren beyden Enden sie gleich weit entfernet ist. Wenn die Vorstellung der erhabensten Classen vernünftiger Creaturen, die den Jupiter oder den Saturn bewohnen, ihre Eifersucht reitzet, und sie durch die Erkenntniss ihrer eigenen Niedrigkeit demüthiget; so kan der Anblick der niedrigen Stufen sie wiederum zufrieden sprechen und beruhigen, die in den Planeten Venus und Merkur weit unter der Vollkommenheit der menschlichen Natur erniedrigt seyn. Welch ein verwunderungswürdiger Anblick! Von der einen Seite sahen wir denkende Geschöpfe, bey denen ein Grönländer oder Hottentotte ein Newton seyn würde; und auf der andern Seite andere, die diesen als einen Affen bewundern.

[188]   Da jüngst die obern Wesen sahn,
         Was unlängst recht verwunderlich,
         Ein Sterblicher bey uns gethan,
         Und wie er der Natur Gesetz entfaltet;
                    wunderten sie sich,
         Dass durch ein irdisches Geschöpf dergleichen
                    möglich zu geschehn
         Und sahen unsern Newton an, so wie
                    wir einen Affen sehn.   Pope.

Zu welch einem Fortgange in der Erkenntniss, wird die Einsicht jener glückseligen Wesen der obersten Himmelssphären nicht gelangen! Welche schöne Folgen, wird diese Erleuchtung der Einsichten nicht in ihre sittliche Beschaffenheit haben! Die Einsichten des Verstandes, wenn sie die gehörigen Grade der Vollständigkeit und Deutlichkeit besitzen, haben weit lebhaftere Reitzungen als die sinnlichen Anlockungen an sich, und sind vermögend, diese siegreich zu beherrschen, und unter den Fuss zu treten. Wie herrlich wird sich die Gottheit selbst, die sich in allen Geschöpfen mahlet in diesen denkenden Naturen nicht mahlen, welche als ein von den Stürmen der Leidenschaften unbewegtes Meer ihr Bild ruhig aufnehmen, und zurückstrahlen! Wir wollen diese Muthmassungen nicht über die, einer physischen Abhandlung vorgezeichnete Grenzen erstrecken, wir bemerken nur nochmals die oben angeführte Analogie: dass die Vollkommenheit der Geisterwelt sowohl, als der materialischen in den Planeten, von dem Merkur an bis zum Saturn, oder vielleicht noch über ihm, [189] (woferne noch andere Planeten seyn,) in

einer richtigen Gradenfolge, nach der Proportion ihrer
Entfernungen von der Sonne, wachse und fortschreite.
Indessen, dass dieses aus den Folgen der physischen Beziehung ihrer Wohnplätze zu dem Mittelpunkte der Welt zum
Theil natürlich herfliesset, zum Theil geziemend veranlasset
wird: so bestätigt anderer Seits der wirkliche Anblick der
vortreflichsten, und sich vor die vorzügliche Vollkommenheit
dieser Naturen in den obern Gegenden anschickende Anstalten,
diese Regel so deutlich, dass sie beynahe einen Anspruch auf
eine völlige Ueberzeugung machen sollte. Die Hurtigkeit der
Handlungen, die mit den Vorzügen einer erhabenen Natur
verbunden ist, schicket sich besser zu den schnell abwechseln-
den Zeitperioden jener Sphären, als die Langsamkeit träger
und unvollkomener Geschöpfe.

Die Sehröhre lehren uns, dass die Abwechselung des Tages
und der Nacht im Jupiter in 10 Stunden geschehe. Was würde
der Bewohner der Erde, wenn er in diesen Planeten gesetzt
würde, bey dieser Eintheilung wohl anfangen? Die 10 Stunden
würden kaum zu derjenigen Ruhe zureichen, die diese grobe
Maschine zu ihrer Erholung durch den Schlaf gebrauchet.
Was würden die Vorbereitung zu den Verrichtungen des
Wachens, das Kleiden, die Zeit die zum Essen angewandt
wird, nicht vor einen Antheil an der folgenden Zeit abfor-
dern, und wie würde eine Creatur, deren Handlungen mit
solcher Langsamkeit geschehen, nicht zerstreuet, und zu etwas
tüchtigen [190] unvermögend gemacht werden, deren 5 Stunden
Geschäfte plötzlich durch die Dazwischenkunft einer eben so
langen Finsterniss unterbrochen würden? Dagegen wenn Jupiter von vollkommneren Creaturen bewohnet ist, die mit einer
feinern Bildung mehr elastische Kräfte, und eine grössere Behendigkeit in der Ausübung verbinden; so kan man glauben,
dass diese 5 Stunden ihnen eben dasselbe und mehr sind, als
was die 12 Stunden des Tages vor die niedrige Classe der
Menschen betragen. Wir wissen, dass das Bedürfniss der Zeit
etwas relatives ist, welches nicht anders, als aus der Grösse
desjenigen was verrichtet werden soll, mit der Geschwindigkeit
der Ausübung verglichen, kan erkannt und verstanden werden.
Daher eben dieselbe Zeit, die vor eine Art der Geschöpfe
gleichsam nur ein Augenblick ist, vor eine andere eine lange
Periode seyn kan, in der sich eine grosse Folge der Veränderungen durch eine schnelle Wirksamkeit auswickelt. Saturn
hat nach der wahrscheinlichen Berechnung seiner Umwälzung,

die wir oben dargelegt haben, eine noch weit kürzere Ab-
theilung des Tages und der Nacht, und lässet daher an der
Natur seiner Bewohner noch vorzüglichere Fähigkeiten vermuthen.

Endlich stimmet alles überein das angeführte Gesetz zu
bestätigen. Die Natur hat ihren Vorrath augenscheinlich auf
der entlegenen Seite der Welt am reichlichsten ausgebreitet.
Die Monde, die den geschäftigen Wesen dieser glückseligen
Gegenden, durch eine hinlängliche Ersetzung die Entziehung
des Tageslichts vergüten, sind in grössester [191] Menge daselbst angebracht, und die Natur scheinet sorgfältig gewesen
zu seyn, ihrer Wirksamkeit alle Beyhülfe zu leisten, damit
ihnen fast keine Zeit hinderlich sey, solche anzuwenden. Jupiter hat in Ansehung der Monde einen augenscheinlichen
Vorzug vor allen unteren Planeten, und Saturn wiederum vor
ihm, dessen Anstalten an dem schönen und nützlichen Ringe
der ihn umgiebt, noch grössere Vorzüge von seiner Beschaffenheit wahrscheinlich machen; dahingegen die untern Planeten,
bey denen dieser Vorrath unnützlich würde verschwendet seyn,
deren Classe weit näher an die Unvernunft grenzet, solcher
Vortheile entweder gar nicht, oder doch sehr wenig theilhaftig
geworden sind.

Man kan aber, (damit ich einem Einwurfe zuvor komme,
der alle diese angeführte Uebereinstimmung vereiteln könnte,)
den grösseren Abstand von der Sonne, dieser Quelle des Lichts
und des Lebens, nicht als ein Uebel ansehen, wogegen die
Weitläuftigkeit solcher Anstalten bey den entfernetern Planeten
nur vorgekehrt werden, um ihm einigermassen abzuhelfen, und
dass in der That die obern Planeten eine weniger vortheil-
hafte Lage im Weltgebäude und eine Stellung hätten, die der
Vollkommenheit ihrer Anstalten nachtheilig wäre, weil sie von
der Sonne einen schwächern Einfluss erhalten. Denn wir
wissen, dass die Wirkung des Lichts und der Wärme nicht
durch deren absolute Intensität, sondern durch die Fähigkeit
der Materie, womit sie solche annimmt, und ihrem Antriebe
weniger oder mehr wiederstehet, bestimmt werde, [192] und
dass daher eben derselbe Abstand, der vor eine Art grober
Materie ein gemässigtes Clima kan genannt werden, subtilere
Flüssigkeiten zerstreuen, und vor sie von schädlicher Heftigkeit seyn würde; mithin nur ein feinerer und aus beweglichern
Elementen bestehender Stoff dazu gehöret, um die Entfernungen des Jupiters oder Saturns von der Sonne beyden zu
einer glücklichen Stellung zu machen.

Endlich scheinet noch die Treflichkeit der Naturen in diesen oberen Himmelsgegenden, |durch einen physischen Zusammenhang mit einer Dauerhaftigkeit, deren sie würdig ist, verbunden zu seyn. Das Verderben und der Tod können diesen treflichen Geschöpfen nicht so viel, als uns niedrigen Naturen anhaben. Eben dieselbe Trägheit der Materie und Grobheit des Stoffes, die bey den unteren Stuffen das specifische Principium ihrer Erniedrigung ist, ist auch die Ursache desjenigen Hanges, den sie zum Verderben haben. Wenn die Säfte, die das Thier oder den Menschen nähren und wachsen machen, indem sie sich zwischen seine Fäserchen einverleiben und an seine Masse ansetzen, nicht mehr zugleich dessen Gefässe und Canäle in der Raumesausdehnung vergrössern können, wenn das Wachsthum schon vollendet ist; so müssen diese sich ansetzende Nahrungssäfte durch eben den mechanischen Trieb, der das Thier zu nähren angewandt wird, die Höle seiner Gefässe verengen und verstopfen, und den Bau der ganzen Maschine, in einer nach und nach zunehmenden Erstarrung, zu Grunde richten. Es ist zu glauben, dass, obgleich die Vergänglichkeit auch an den vollkommensten Naturen naget, [**193**] dennoch der Vorzug in der Feinigkeit des Stoffes, in der Elasticität der Gefässe, und der Leichtigkeit und Wirksamkeit der Säfte, woraus jene vollkommnere Wesen, welche in den entferneten Planeten wohnen, gebildet seyn, diese Hinfälligkeit, welche eine Folge aus der Trägheit einer groben Materie ist, weit länger aufhalten, und diesen Creaturen eine Dauer, deren Länge ihrer Vollkommenheit proportionirt ist, verschaffen werde, so wie die Hinfälligkeit des Lebens der Menschen ein richtiges Verhältniss zu ihrer Nichtswürdigkeit hat.

Ich kan diese Betrachtung nicht verlassen, ohne einem Zweifel zuvor zu kommen, welcher natürlicher Weise aus der Vergleichung dieser Meinungen mit unseren vorigen Sätzen entspringen könnte. Wir haben in den Anstalten des Weltbaues an der Menge der Trabanten, welche die Planeten der entferntesten Kreise erleuchten, an der Schnelligkeit der Achsendrehungen, und dem gegen die Sonnenwirkung proportionirten Stoffe ihres Zusammensatzes, die Weisheit GOttes erkannt, welche alles dem Vortheile der vernünftigen Wesen, die sie bewohnen, so zuträglich angeordnet hat. Aber wie wollte man anjetzt mit der Lehrverfassung der Absichten einen mechanischen Lehrbegriff zusammen reimen, so dass, was die höchste Weisheit selbst entwarf, der rohen Materie, und das

Regiment der Vorsehung, der sich selbst überlassenen Natur zur Ausführung aufgetragen worden? Ist das erstere nicht vielmehr ein Geständniss, dass die Anordnung des Weltbaues nicht durch die allgemeinen Gesetze der letzteren entwickelt worden.

[194] Man wird diese Zweifel bald zerstreuen, wenn man auf dasjenige nur zurück denckt, was in gleicher Absicht in dem vorigen angeführet worden. Muss nicht die Mechanik aller natürlichen Bewegungen einen wesentlichen Hang zu lauter solchen Folgen haben, die mit dem Project der höchsten Vernunft in dem ganzen Umfange der Verbindungen wohl zusammenstimmen? Wie kan sie abirrende Bestrebungen, und eine ungebundene Zerstreuung in ihren Beginnen haben, da alle ihre Eigenschaften, aus welchen sich diese Folgen entwickeln. selbst ihre Bestimmung aus der ewigen Idee des göttlichen Verstandes haben, in welchem sich alles nothwendig auf einander beziehen, und zusammenschicken muss? Wenn man sich recht besinnet, wie kan man die Art zu urtheilen rechtfertigen, dass man die Natur als ein wiederwärtiges Subject ansiehet, welches nur durch eine Art von Zwange, der ihrem freyen Betragen Schranken setzt, in dem Gleise der Ordnung und der gemeinschaftlichen Harmonie kan erhalten werden, woferne man nicht etwa davor hält, dass sie ein sich selbst genugsames Principium sey, dessen Eigenschaften keine Ursache erkennen, und welche GOtt, so gut als es sich thun lässt, in den Plan seiner Absichten zu zwingen trachtet. Je näher man die Natur wird kennen lernen, desto mehr wird man einsehen, dass die allgemeinen Beschaffenheiten der Dinge einander nicht fremd und getrennt seyn. Man wird hinlänglich überführet werden, dass sie wesentliche Verwandtschaften haben, durch die sie sich von selber anschicken, einander in Errichtung vollkommener [195] Verfassungen zu unterstützen, die Wechselwirkung der Elemente zur Schönheit der materialischen und doch auch zugleich zu den Vortheilen der Geisterwelt, und dass überhaupt die einzelnen Naturen der Dinge in dem Felde der ewigen Wahrheiten schon untereinander, so zu sagen, ein System ausmachen, in welchem eine auf die andere beziehend ist; man wird auch alsbald inne werden, dass die Verwandtschaft ihnen von der Gemeinschaft des Ursprungs eigen ist, aus dem sie insgesammt ihre wesentlichen Bestimmungen geschöpft haben.

Und um daher diese wiederholte Betrachtung zu dem

vorhabenden Zwecke anzuwenden: Eben dieselbe allgemeine
Bewegungsgesetze, die den obersten Planeten einen entfernten
Platz von dem Mittelpunkte der Anziehung und der Trägheit
in dem Weltsystem angewiesen haben, haben sie dadurch zugleich in die vortheilhafteste Verfassung gesetzt, ihre Bildungen
am weitesten von dem Beziehungspunkte der groben Materie,
und zwar mit grösserer Freyheit anzustellen; sie haben sie
aber auch zugleich in eine regelmässige Verhältniss zu dem
Einflusse der Wärme versetzt, welche sich, nach gleichem Gesetze, aus eben dem Mittelpunkte ausbreitet. Da nun eben
diese Bestimmungen es sind, welche die Bildung der Weltkörper in diesen entferneten Gegenden ungehinderter, die Erzeugung der davon abhängenden Bewegungen schneller und
kurz zu sagen, das System wohlanständiger gemacht haben,
da endlich die geistigen Wesen eine nothwendige Abhängigkeit
von der Materie haben, an die sie persönlich gebunden sind;
so ist kein Wunder, dass [196] die Vollkommenheit der Natur
von beyderley Orten in einem einzigen Zusammenhange der
Ursachen, und aus gleichen Gründen bewirket worden. Diese
Uebereinstimmung ist also bey genauer Erwegung nichts plötz-
liches oder unerwartetes, und weil die letzteren Wesen durch
ein gleiches Principium in die allgemeine Verfassung der materialischen Natur eingeflochten worden; so wird die Geisterwelt aus eben den Ursachen in den entferneten Sphären
vollkommener seyn, weswegen es die körperliche ist.

So hänget denn alles in dem ganzen Umfange der Natur
in einer ununterbrochenen Gradfolge zusammen, durch die
ewige Harmonie, die alle Glieder auf einander beziehend macht.
Die Vollkommenheiten GOttes haben sich in unsern Stufen
deutlich offenbaret, und sind nicht weniger herrlich in den
niedrigsten Classen, als in den erhabnern.

> Welch eine Kette die von GOtt den Anfang
>   nimmt, was vor Naturen
> Von himmlischen und irrdischen, von Engeln,
>   Menschen bis zum Vieh,
> Vom Seraphim bis zum Gewürm. O Weite
>   die das Auge nie
> Erreichen und betrachten kan!
> Von dem Unendlichen zu dir, von dir zum
>   Nichts!   P o p e.

Wir haben die bisherige Muthmassungen treulich an dem
Leitfaden der physischen Verhältnisse fortgeführet, welcher sie

auf dem Pfade einer vernünftigen Glaubwürdigkeit erhalten
hat. Wollen wir uns noch eine Ausschweifung aus diesem
[197] Gleise in das Feld der Phantasie erlauben? Wer zeiget
uns die Grenze wo die gegründete Wahrscheinlichkeit aufhöret, und die willkührlichen Erdichtungen anheben? Wer
ist so kühn, eine Beantwortung der Frage zu wagen: ob die
Sünde ihre Herrschaft auch in den andern Kugeln des Weltbaues ausübe, oder ob die Tugend allein ihr Regiment daselbst aufgeschlagen.

> Die Sterne sind vielleicht ein Sitz verklärter Geister,
> Wie hier das Laster herrscht, ist dort die Tugend Meister.
>
> v. Haller.

Gehört nicht ein gewisser Mittelstand zwischen der Weisheit und Unvernunft zu der unglücklichen Fähigkeit sündigen
zu können. Wer weiss, sind also die Bewohner jener entferneten Weltkörper nicht zu erhaben und zu weise, um sich
bis zu der Thorheit, die in der Sünde steckt, herabzulassen,
diejenigen aber, die in den unteren Planeten wohnen, zu fest
an die Materie geheftet und mit gar zu geringen Fähigkeiten
des Geistes versehen, um die Verantwortung ihrer Handlungen
vor dem Richterstuhle der Gerechtigkeit tragen zu dörfen?
Auf diese Weise wäre die Erde, und vielleicht noch der Mars,
(damit der elende Trost uns ja nicht genommen werde, Ge-
fährten des Unglücks zu haben,) allein in der gefährlichen
Mittelstrasse, wo die Versuchung der sinnlichen Reitzungen
gegen die Oberherrschaft des Geistes ein starkes Vermögen
zur Verleitung haben, dieser aber dennoch diejenige Fähigkeit nicht verleugnen kan, wodurch er [198] im Stande ist,
ihnen Wiederstand zu leisten, wenn es seiner Trägheit nicht
vielmehr gefiele, sich durch dieselbe hinreissen zu lassen, wo
also der gefährliche Zwischenpunkt zwischen der Schwachheit
und dem Vermögen ist, da eben dieselbe Vorzüge, die ihn
über die niederen Classen erheben, ihn auf eine Höhe stellen,
von welcher er wiederum unendlich tiefer unter diese herabsinken kan. In der That sind die beyden Planeten, die Erde
und der Mars, die mittelsten Glieder des planetischen Systems,
und es läst sich von ihren Bewohnern vielleicht nicht mit Un-
wahrscheinlichkeit ein mittlerer Stand der physischen sowohl,
als moralischen Beschaffenheit zwischen den zwey Endpunkten
vermuthen, allein ich will diese Betrachtung lieber denenjenigen
überlassen, die mehr Beruhigung bey einem unerweisslichen

Erkenntnisse, und mehr Neigung dessen Verantwortung zu übernehmen, bey sich finden.

Beschluss.

Es ist uns nicht einmal recht bekannt, was der Mensch anjetzo wirklich ist, ob uns gleich das Bewustseyn und die Sinne hievon belehren solten; wie vielweniger werden wir errathen können, was er dereinst werden soll. Dennoch schnappet die Wissbegierde der menschlichen Seele sehr begierig nach diesem von ihr so entfernten Gegenstande, und strebet, in solchem dunkeln Erkenntnisse, einiges Licht zu bekommen.

Solte die unsterbliche Seele wohl in der ganzen Unendlichkeit ihrer künftigen Dauer, die das [199] Grab selber nicht unterbricht, sondern nur verändert, an diesen Punkt des Weltraumes, an unsere Erde jederzeit geheftet bleiben? Solte sie niemals von den übrigen Wundern der Schöpfung eines näheren Anschauens theilhaftig werden? Wer weis, ist es ihr nicht zugedacht, dass sie dereinst jene entfernte Kugeln des Weltgebäudes, und die Treflichkeit ihrer Anstalten, die schon von weitem ihre Neugierde so reitzen, von nahem soll kennen lernen? Vielleicht bilden sich darum noch einige Kugeln des Planetensystems aus, um nach vollendetem Ablaufe der Zeit, die unserem Aufenthalte allhier vorgeschrieben ist, uns in andern Himmeln neue Wohnplätze zu bereiten. Wer weis, laufen nicht jene Trabanten um den Jupiter, um uns dereinst zu leuchten?

Es ist erlaubt, es ist anständig, sich mit dergleichen Vorstellungen zu belustigen; allein niemand wird die Hoffnung des Künftigen auf so unsichern Bildern der Einbildungskraft gründen. Nachdem die Eitelkeit ihren Antheil an der menschlichen Natur wird abgefordert haben: so wird der unsterbliche Geist, mit einem schnellen Schwunge, sich über alles, was endlich ist, empor schwingen, und in einem neuen Verhältnisse gegen die ganze Natur, welche aus einer näheren Verbindung mit dem höchsten Wesen entspringet, sein Daseyn fortsetzen. Forthin wird diese erhöhete Natur, welche die Quelle der Glückseligkeit in sich selber hat, sich nicht mehr unter den äusseren Gegenständen zerstreuen, um eine Beruhigung bey ihnen zu suchen. Der gesammte Innbegriff der Geschöpfe, welcher eine nothwendige Uebereinstimmung zum

Wohlgefallen des höchsten [200] Urwesens hat, muss auch sie auch zu dem seinigen haben, und wird sie nicht anders, als mit immerwährender Zufriedenheit, rühren.

In der That, wenn man mit solchen Betrachtungen, und mit den vorhergehenden, sein Gemüth erfüllet hat; so giebt der Anblick eines bestirnten Himmels, bey einer heitern Nacht, eine Art des Vergnügens, welches nur edle Seelen empfinden. Bey der allgemeinen Stille der Natur und der Ruhe der Sinne, redet das verborgene Erkenntnissvermögen des unsterblichen Geistes eine unnennbare Sprache, und giebt unausgewickelte Begriffe, die sich wohl empfinden, aber nicht beschreiben lassen. Wenn es unter den denkenden Geschöpfen dieses Planeten niederträchtige Wesen giebt, die, ungeachtet aller Reitzungen, womit ein so grosser Gegenstand sie anlocken kan, dennoch im Stande sind, sich fest an die Dienstbarkeit der Eitelkeit zu heften: wie unglücklich ist diese Kugel, dass sie so elende Geschöpfe hat erziehen können? Wie glücklich aber ist sie anderer Seits, da ihr unter den aller annehmungswürdigsten Bedingungen ein Weg eröfnet ist, zu einer Glückseeligkeit und Hoheit zu gelangen, welche unendlich weit über die Vorzüge erhaben ist, die die allervortheilhafteste Einrichtung der Natur in allen Weltkörpern erreichen kan.

Anmerkungen.

Immanuel Kant, geboren in Königsberg am 22. April 1724, war der Sohn eines Sattlers. Er studirte seit 1740 an der dortigen Universität Theologie, Naturwissenschaft, Philosophie und Mathematik, war darauf neun Jahre lang Hauslehrer, und ward 1755 Privatdocent an der Universität für Philosophie, Physik und Mathematik. Erst im Jahre 1770 erhielt er die ordentliche Professur der Philosophie, die er bis zu seinem Tode am 12. Februar 1804 bekleidete.

Seine erste Schrift war polemisch gehalten. Sie erschien 1747 unter dem Titel: »Gedanken von der wahren Schätzung der lebendigen Kräfte und Beurtheilung der Beweise, deren sich Herr von Leibnitz und andere Mathematiker in dieser Streitsache bedient haben, nebst einigen vorhergehenden Betrachtungen.« Obwohl diese Abhandlung umfangreich und energisch an die damals strittigen Fragen herantritt und Zeugniss ablegt von einem systematisch ordnenden Geiste, so lässt sie inhaltlich viel Bedenken auftauchen hinsichtlich der mathematischen Begabung und Urtheilsfähigkeit in Problemen der Mechanik. — Fällt es uns heutzutage schwer, uns in den Gedankenhorizont des vorigen Jahrhunderts hineinzuversetzen, so steht uns doch der Weg offen, mit den damaligen Zeitgenossen einen Vergleich anzustellen und uns die Frage zu vergegenwärtigen, ob Kant wirklich der Aufgabe, die er sich hier stellt, — einer rationellen Dynamik neue Bahnen zu weisen — gewachsen war. Wir müssen bekennen, dass er in dieser Beziehung weit hinter seinen Vorgängern und Zeitgenossen zurückstand, dass er weder Leibniz noch Bernoulli zu verstehen im Stande war und so mit vermeintlich untrüglichen Beweisen sich auf die Seite der Cartesianer stellte. Ja, der Versuch, eine Vermittelung zwischen den beiden entgegengesetzten Anschauungen zu Wege zu bringen, dürfte als ein noch schlimmerer Fehlgriff bezeichnet werden, sofern er den höchst mystischen Begriff der »Vivification« bewegter Körper auszugestalten versucht, ohne den geringsten mathematisch geformten Beweis und ohne den geringsten experimentellen Beleg für seine angeblichen Reformen beizubringen. — Und doch war bereits im Jahre 1743 d'Alembert mit seinem berühmten »Traité de dynamique« aufgetreten, und schon 1736 hatte Euler in seiner »Mechanica, sive motus scientia analytice exposita« die noch heute geltenden richtigen Principien aufgestellt; ferner war 1738 Daniel Bernoulli's »Hydrodynamica seu de viribus et motibus fluidorum commentarii« erschienen, in welcher bereits schwierige Probleme ihre Lösung finden. Der Begriff der »vis viva« war von Huygens, Leibniz und D. Bernoulli unzweideutig formulirt und zu einem mächtigen analytischen Hülfsmittel selbst für complicirtere Probleme herangebildet. Diesem Allem gegenüber erscheint Kant's Erstlingsschrift wie ein ohnmächtiger Versuch mit philosophischen Argumenten in den bereits zu Gunsten Leibniz's entschiedenen Streit einzugreifen. Leider hat Kant später, als er 1786 seine »Metaphysischen Anfangsgründe der Naturwissenschaft« herausgab, jene verunglückten Versuche nicht widerrufen, wie denn überhaupt auch die letztgenannte Schrift sehr elementar gehalten ist und dem damals hoch entwickelten Zustande der analytischen Mechanik nicht gerecht wird und jedenfalls nicht den späteren grossen Philosophen erkennen lässt.

Um so mehr werden wir durch die 1755 geschriebene »Allgemeine Naturgeschichte und Theorie des Himmels« überrascht. — Freilich ist auch hier nur sehr wenig Mathematik anzutreffen und der Verfasser berührt diesen Punkt selbst am Schlusse seiner Vorrede, wenn er sagt: »es kann die grösste geometrische Schärfe und mathematische Unfehlbarkeit niemals von einer Abhandlung dieser Art verlangt werden.« Und er hat Recht. Hier kam es mehr auf eine gesunde Auffassung und auf ein glückliches intuitives Vorstellen an, ja selbst eine lebhafte Phantasie war zur Conception der hier entwickelten Gedanken unentbehrlich. — Leider kam die Schrift erst sehr spät zur Kenntniss des Publicums, obwohl sie Friedrich dem Grossen gewidmet war. Beim Abschluss des Druckes wurde nämlich der Verleger banquerott, das Waarenlager wurde versiegelt, und so gelangte auch Kant's Schrift nicht in den Verkehr. — Erst 1791 erschien ein

Theil im Auszug in Gensichen's: W. Herschel, »Ueber den Bau des Himmels«. Dieser Auszug reicht bis S. 82 unserer vorliegenden Ausgabe, denn der Herausgeber erklärt, »Kant liess sich nicht bewegen, noch mehr aus jener Schrift noch einmal vorzulegen; das Uebrige enthalte zu sehr blosse Hypothese, als dass er es jetzt noch ganz billigen könnte.« Die Tieftrunk'sche Sammlung bringt die ganze Schrift in ursprünglicher Gestalt. Ferner erschien 1797 eine neue Ausgabe ohne Mitwirkung Kant's, unterzeichnet mit M. F., mit Anmerkungen, von Gensichen, Sommer und ihm selbst; diese Ausgabe ist zuletzt 1808 in Zeitz wieder abgedruckt worden. Herr M. F. hat übrigens, wie er sagt, »auch dem Style einige Aufmerksamkeit gewidmet, und die Sprache dem jetzigen Genie derselben näher zu bringen gesucht.« Auf dem Titel steht freilich: »mit des Herrn Verfassers eigenen neuen Bemerkungen«, allein, wie Hartenstein angiebt, findet sich da nur eine einzige von Kant mündlich im Jahre 1791 gegebene Bemerkung, die wir unten in der Anmerkung 29 wörtlich wiedergeben. — Wir bringen vorstehend unverändert die erste Ausgabe von 1755. Es wäre wünschenswerth zu erfahren, wann dieselbe dem Verkehr übergeben wurde. Hinsichtlich der Orthographie und des Styles sind wir nicht dem Beispiel der Herausgeber seiner sämmtlichen Werke gefolgt, vielmehr hegten wir den Grundsatz, Alles ungeändert zu lassen, was nicht offenbar als Druckfehler sich zeigte. Wir haben selbst Inconsequenzen zugelassen, wie z. B. den Artikel des Wortes Verhältniss. Es erscheint bald die Verhältniss, bald das Verhältniss, ähnlich wie in der Abhandlung von 1747 ausnahmslos die Hinderniss, aber das Erkenntniss gesagt wird. — In den meisten Fällen sagt Kant das Verhältniss, wenn es sich um ein zahlenmässiges Vergleichen identischer Begriffe, wie Dichtigkeiten u. A. handelt, während die Verhältniss meist durch »das Verhalten« sich ersetzen liesse. Indessen kommen auch einzelne Ausnahmen von dieser Regel vor. Ferner finden wir »untrüglich« und »untrieglich«, »einschräncken« und »einschrencken«, Cörper und Körper; wir haben stets die Original-Orthographie stehen lassen, da sie nie sinnstörend wirkt. Nur gegen Ende der Schrift haben wir Choas, welches vielmals vorkommt, in Chaos, welches Anfangs gebraucht wird, umgeändert. Beiläufig bemerkt, sagt J. H. Lambert stets »Cahos«.

Mit welcher Freude Kant seine Anschauungen vorträgt,

empfindet man unausgesetzt, der Verfasser ist sich der Gross-
artigkeit seines Gedankenfluges vollauf bewusst und reisst den
Leser mit fort. Hinsichtlich der Constitution der Sonne ist
er um 100 Jahre seiner Zeit vorausgeeilt, und erst Gustav
Kirchhoff bringt Kant'sche Vorstellungen wieder zur Gel-
tung, freilich jetzt mit ganz anderem Gewicht der Argumente.

Gewöhnlich wird die Theorie des Marquis Laplace in
einem Zuge mit der Kant's verquickt, dennoch besteht ein
tief greifender Unterschied zwischen beiden. Kant geht vom
Urnebel im Universum aus, Laplace von einer bereits in
Rotation befindlichen Nebel-Scheibe unseres Sonnensystems.
Kant lässt Sonnen und Planeten aus gewissen Raumgebieten
durch Gravitation entstehen, Laplace lässt Massen und
Ringe vom Centralkörper durch Centrifugalkraft sich abheben.
Nur beim Saturn lässt Kant die Ringe aus dem Centralkörper
»durch Ausdünstung« entstehen, wobei die Dünste ihren tan-
gentialen Schwung beibehalten. Sonst weist er jedem Himmelskörper eine gewisse Zone des Dunstraumes an, aus welchem die Materie zu ihm hin sich condensirt. — Anders bei
Laplace, der von der Contraction des Centralkörpers aus-
geht, wobei dessen Rotation zunehmen müsse, bis einmal die
Centrifugal- gleich der Centripetalkraft geworden sei; dann
solle ein Ring — bei weiterer Contraction — sich ablösen;
dieser Process wiederhole sich mehreremal. — Man spricht
oft — vielleicht aus Bequemlichkeit — von einer Kant-
Laplace'schen Kosmogonie. Der Unterschied ist aber hin-
reichend gross, um die Anschauungen als getrennte bestehen
zu lassen. Es ist auch der Vorwurf gegen Laplace erhoben
worden, er habe die Kant'schen Anschauungen gekannt und
genutzt. Man beruft sich dabei auf Johann Heinrich
Lambert's »Cosmologische Briefe über die Einrichtung des
Weltbaues«, Augspurg. 1761. Die Behauptung: »Kant's
Theorie werde in Lambert's Schrift vorgetragen« beruht auf
völligem Irrthum, denn Kant's Schrift wird hier gar nicht
erwähnt; auch im Briefwechsel zwischen Kant und Lambert
wird nichts darüber gefunden. Bei Lambert handelt es sich
überhaupt gar nicht um Kosmogonie, sondern um Kosmo-
logie. Die Vorstellung mehrerer Milchstrassen-Systeme kommt
freilich bei Kant wie bei Lambert vor, allein die Grund-
idee ist älter und dürfte eher Bernard le Bovier de
Fontenelle zugeschrieben werden, der 1686 seine »Pluralité
des Mondes« in Paris erscheinen liess, und die 1719 mit An-

merkungen von Lalande nochmals herausgegeben ward. — Wenn nun Gedanken Lambert's in Mérian's »Système du Monde« Paris 1770 und in andere Werke übergegangen sind, so kann, da Lambert weder mit Kant sich deckt, noch irgend einen Auszug aus ihm bringt, von einer Entlehnung Kant'scher Ideen von Seiten des Laplace füglich nicht die Rede sein. Ein Riesengeist wie Laplace, dem wir so unendlich Viel und so Tiefsinnig-Gründliches verdanken, brauchte keine Anregung von der Art, wie die »Theorie des Himmels« sie darbot. — Seine Mécanique céleste, an Euler, d'Alembert und Lagrange anknüpfend, ist das Fundament der heutigen theoretischen Astronomie. Von Kant's Theorie des Himmels lässt sich nicht einmal behaupten, dass sie fruchtbar gewirkt habe; wir bewundern in ihr die kühnen und glücklichen Griffe, die vielfach durch spätere Entdeckungen Bestätigung gefunden haben. — Eine französische Uebersetzung der beiden ersten Theile bringt C. Wolf in seinem Buche: »Les hypothèses cosmogoniques«, Paris 1886.

Kant wird neuerdings wieder mehr beachtet, leider nicht gerade von glücklichen Interpreten. In der Abhandlung: »Kant oder Laplace? Eine kosmologische Studie« von A. Meydenbauer, Marburg 1880 wird der »Oberflächen-Abstossung« eine übertrieben grosse Rolle, nicht frei von mystischen Vorstellungen, zugesprochen. Zudem lässt der Autor den Aether aus verdünnten Gasen bestehen, ohne sich mit der Lichttheorie auseinander zu setzen, und endlich schreibt er stets »Ellypsoid«, was nicht gerade zur Empfehlung geeignet erscheint. Originell, aber nicht einwurfsfrei sind seine Theorien der Sternschnuppen — und der Mondentstehung. — Wir verweisen ferner auf Lane's Abhandlung: »Theoretical temperature of the sun« in Silliman, Amer. Journ. of science, L, 1870. Endlich berührt die Frage der Kosmogonie Helmholtz in seinem populären Vortrage: »Die Entstehung des Planetensystems« vom Jahre 1871 (Vorträge und Reden, Braunschweig, Vieweg & Sohn 1884. Bd. II S. 57 bis 93). — Auch hier wird ohne näheres Eingehen von einer Kant-Laplace'schen Theorie gesprochen, ohne auf das Einzelne oder gar auf die Unterschiede der beiden Lehren hinzuweisen. Auf weitere die Kosmogonie betreffende Abhandlungen wird in den folgenden Anmerkungen verwiesen und es seien hier speciell die Arbeiten G. H. Darwin's hervorgehoben.

1) *Zu S. 28.* Kant spricht von 6 Planeten und 10 Begleitern: Mercur, Venus, Erde und 1 Trabant, Mars, Jupiter mit 4 Monden (entdeckt von Galilei), Saturn und 5 Monde (1 von Cassini, 4 von Herschel entdeckt). Seitdem sind hinzugekommen: die Planeten Uranus (entdeckt 1781 von Herschel nebst 4 Trabanten, davon 2 entdeckt 1781 von Herschel und 2 von Lassell 1846 und 1852); Neptun (1846 errechnet von Adams und von Le Verrier und 1847 von Galle gefunden); ferner 428 gegenwärtig (1898) mit Nummern versehene, d. h. unzweifelhaft beobachtete kleine Planeten, genannt »Asteroiden«; endlich 2 Trabanten des Mars, entdeckt von Asaph Hall in Washington: Deimos 11. August und Phobos 17. August 1891. Endlich wurde am 9. September 1892 um Mitternacht von Professor Barnard ein 5. Trabant des Jupiter entdeckt mit einer Umlaufszeit von nur $11^h 57^m 23^s$, und drei Trabanten des Saturn (entdeckt 1789 von Herschel und 1 1848 von Bond). Gegenwärtig kennen wir also 8 grosse Planeten mit 21 Trabanten und einem Ringsystem und 428 kleine Planeten.

2) *Zu S. 33.* In den späteren Ausgaben ist der Rechenfehler vermieden und es heisst richtiger statt anderthalb, drei Millionen Jahre und statt 40000 80000 Jahre. Nach neueren Daten giebt es einen Stern am südlichen Himmel mit einer jährlichen Fortrückung von 8″,7, also um einen Grad schon in 420 Jahren (Cordoba Zone Catalogue 5^h, 243).

3) *Zu S. 36.* Die neuesten photographischen Forschungen bestätigen die Kant'sche Muthmassung. »Hinsichtlich ihrer Vertheilung am Himmel verhalten sich die Nebelflecke, wenn wir nach dem teleskopischen Ansehen urtheilen, umgekehrt wie die Sternhaufen; während letztere wie die teleskopischen Sterne um so zahlreicher werden, je näher man der Milchstrasse kommt, sind die Nebel dort am seltensten« (Newcomb-Engelmann-Vogel, Pop. Astron. Leipzig 1892, pag. 532).

4) *Zu S. 38.* Die Eccentricitäten nehmen nach Kant mit den Entfernungen zu. Indess trifft dieses nach Entdeckung des fernen grossen Planeten noch weniger als früher zu. Die neueren Zahlen sind folgende:

Mercur	0.2056	Jupiter	0.0483
Venus	0.0068	Saturn	0.0561
Erde	0.0168	Uranus	0.0464
Mars	0.0933	Neptun	0.0090

Bei den Asteroiden schwankt der Betrag zwischen 0.000 der
Baptistina ⓘ und 0.383 der Aethra ⓘ.

5) *Zu S. 38.* An die Eccentricität der Aethra 0.383
schliesst sich in der That die des ersten Tempel'schen Cometen (Excentr. 0.405) an.

6) *Zu S. 41.* Welche Freude hätte Kant erst empfun-
den, wenn er die hier für 6 Planeten und 9 Begleiter geltenden
Argumente auf die zur Zeit bekannten 436 Planeten und 21 Trabanten hätte beziehen dürfen. Unter den Asteroiden ist die
grösste vorkommende Neigung gegen die Ekliptik die der
Pallas mit 34.7 Grad, dann folgt die Istria ⓘ mit 21.5 Grad;
Neigungen von mehr als 20 Grad haben nur 19 Asteroïden.

7) *Zu S. 45.* Die deutlichsten spiralförmigen Nebel finden
sich in den Jagdhunden, in der grossen Cap-Wolke, in der
Andromeda (nach Isaac Roberts Aufnahme), und in dem
Nebel, der die Alkyone umgiebt (Stratonoff 1896). Experi-
mentelle Untersuchungen über die Entstehung von Wirbeln
stellte Weyher an. (Vergl. C. L. Weyher, sur les tour-
billons, trombes, tempêtes et sphères tournantes, Paris 1889).

8) *Zu S. 45.* Der Gedanke einer Anpassung ist weiter
ausgeführt in Karl Freiherr du Prel: »Kampf ums Dasein
am Himmel«, 2. Aufl. Berlin, Denicke, 1876, und: »Die Pla-
netenbewohner und die Nebularhypothese. Neue Studie zur
Entwickelungsgeschichte des Weltalls«, Leipzig, Günther, 1880.

9) *Zu S. 46.* Der ganze Absatz gehört wohl zu den
verworrensten und schlechtest stylisirten der ganzen Abhandlung. Dazu kommt noch, dass in allen späteren Ausgaben
die Worte »Axe der Drehung« in »Drehung der Axe« umgeändert worden sind, wodurch die Verwirrung erheblich vermehrt worden ist. Die Stelle ist indess wichtig für das ganze
Kant'sche System. Darum muss man versuchen, seine Auffassung mit anderen Worten wiederzugeben, mit möglichst
engem Anschluss an seine Gedankenreihe. Die von uns veränderten Worte heben wir durch gesperrten Druck hervor:
— Noch ist zu bemerken, dass, indem also alle Elemente der
sich bildenden Natur, wie erwiesen, in einem Sinne um die
Sonne sich bewegen, bei solchen in einerlei Sinne statt-
habenden Umläufen die Fortbewegung feiner Materie in
dieser Art nicht bestehen kann, weil nach Gesetzen der Centralbewegung alle Umlaufsebenen den Mittelpunkt der
Attraction durchschneiden müssen; alle um eine gemeinschaftliche Axe gedachten, einander parallelen Bahnen

liegen in Ebenen, von denen nur eine den Mittelpunkt
der Sonne durchschneidet, daher alle Materie von beiden
Seiten nach dieser Ebene hineilet, die die Axe der Drehung
gerade im Mittelpunkte der Attraction schneidet. Und
weiter: Diese Ebene ist der Plan der Beziehung aller herumschwebenden Elemente .... u. s. w.

Mögen die Herren Herausgeber der Umsetzung in »Dre-
hung der Axe« einen anderen Commentar geben. Der von
Kant gedachte »Plan der Beziehung« ist kurz gesagt der
Aequator.

10) *Zu S. 47* Anmerkung. Das Wort »vermögend« ist
hier offenbar in dem Sinne von »merklich« zu nehmen.

11) *Zu S. 49.* Die Art, wie Kant die Wahrscheinlichkeit von Unregelmässigkeiten erörtert, ist beachtenswerth.

12) *Zu S. 51.* Das ist ein Irrthum. Die Dichtigkeit des
Erdmondes ist 3.4, die der Erde 5.5. — Relativ zur Erde
also hat der Mond die Dichte 0.6. Die relative Dichtigkeit
der Sonne ist auch heute noch 0.25, aber Mercur hat nur
0.85 und Venus 0.95, wenn die Erde gleich 1 gesetzt wird.

13) *Zu S. 52.* Siehe vorige Anm. 12.

14) *Zu S. 53.* Die Gesammtmasse aller Planeten zusammen beträgt 2775.10^{24} Kilogramm, während die Sonne eine
Masse von 2000000.10^{24} Kilogramm besitzt, somit ist das Verhältniss der Massen aller Planeten zur Sonne gleich 1 : 720.

15) *Zu S. 57.* Das Gesammtvolum aller planetarischen
Massen beträgt etwa 2720.10^{24} Litre, die Gesammtmasse dagegen 2775.10^{24} Kilogramm, somit ist die durchschnittliche
Dichtigkeit gleich 1.02 und relativ zur Erde (5.5) gleich 0.18,
während die Sonne die relative Dichtigkeit 0.25 hat. — Bei
dieser Rechnung haben die 428 Asteroïden keinen merkbaren
Einfluss, da ihre Gesammt-Volumen nur auf 786.10^{18} Litre zu
schätzen ist; ihre Gesammtmasse beträgt etwa $\frac{1}{28}$ des Erdmondes.

16) *Zu S. 58.* Vergleiche Anm. 4 und 5.

17) *Zu S. 61.* Von den 25 grossen Cometen sind 10,
von 15 periodischen Cometen sind nur 2 rückläufig.

18) *Zu S. 64.* Die Stelle ist bemerkenswerth im Vergleich zur Laplace'schen Theorie.

19) *Zu S. 65.* Ueber die Marsmonde vergl. Anm. 1.

20) *Zu S. 66.* Der Titel der erwähnten Abhandlung
lautet: »Ob die Erde eine Veränderung ihrer Axendrehung
erlitten habe?« Die Frage wird bejahend beantwortet und

auf die Wahrscheinlichkeit hingewiesen, dass ebenso wie die
Erde durch den Mond, der letztere von der Erde in der Vor-
zeit durch Fluthwirkung beeinflusst worden sei, bis er schliess-
lich der Erde stets ein und dieselbe Seite zukehrte. Vergleiche
George Howard Darwin's zahlreiche Abhandlungen über
diesen Gegenstand in 'den London Phil. Transact. von 1877
an und den von ihm verfassten Artikel »Tides« in der Ency-
clopaedia Britannica, Vol. XXIII, p. 378. — Die Darwin-
schen Untersuchungen lassen die Laplace'sche Ringent-
stehungstheorie sehr unwahrscheinlich erscheinen. — Man darf
einer Entscheidung entgegensehen auf Grund der jetzt mit
Eifer verfolgten Doppelstern-Nebel. Vergl. T. J. J. See:
»Die Entwicklung der Doppelsternsysteme« (Diss.) Berlin, 1889,
wo die sorgfältigsten mathematischen Theorien dargestellt werden.

21) *Zu S. 67.* Neuere Forschungen ergaben für Mars
27° 16', Jupiter 3° 6', Saturn 28°.

22) *Zu S. 68.* Vergl. Jacob Heinrich Schmick: »Die
Nachbarwelten als gegenseitige Gestalter«, Leipzig 1878,
2. Aufl. 1881, und: »Der Mond, eine Studie«.

23) *Zu S. 69.* Die Masse des Jupiter relativ zur Erde
ist 309.6, die des Saturn 92.7, also das Verhältniss sehr nahe
gleich dem von Kant angegebenen. Die »Axendrehung« dagegen ist für Jupiter $9^h 55' 40''$, für Saturn aber grösser:
$10^h 12' 36''$.

24) *Zu S. 74.* Siehe Anm. 23 Schluss.

25) *Zu S. 75.* Die Abplattung der Erde gilt gegenwärtig
für $\frac{1}{290}$ bis $\frac{1}{295}$, die des Saturn gleich $\frac{1}{9}$, Uranus $\frac{1}{10}$ bis
$\frac{1}{11}$ (Safarik).

26) *Zu S. 78.* Selbst die neuesten spektroskopischen Mes-
sungen des Saturnring-Lichtes gestatten noch keine sicheren
Schlüsse über die Rotationsdauer der Ringe, so dass eine
Beobachtung zur Controle der nach dem Kepler'schen Gesetze berechneten Umlaufszeiten nicht vorliegt. Nach Max-
well & Hirn ist der Ring ein dichter Schwarm von mässig
grossen Möndchen, die in einem sehr dünnen Ringe vertheilt
sind, eine Vorstellung, die mit Seeliger's photometrischen
Untersuchungen sich verträgt.

27) *Zu S. 79.* Man unterscheidet jetzt drei Hauptringe.
Zwischen dem äussersten Ringe *A* und dem Ringe *B* liegt
die grosse Cassini'sche Theilung. Der innerste Ring *C* hat
nach innen eine matte Begrenzung mit wechselnden Einbuch-
tungen (Trouvelot, Terby, Elger, Massori). Der mittlere

Ring zeigt nach Antoniadi 3 Theilungen. Die Struve-
sche Theilung zwischen B und C ist nur zeitweilig zu sehen.
Auf A kommt zuweilen eine Theilung, die Encke'sche, in
Sicht. Betreffs der Nebentheilungen giebt es noch viele un-
erklärte Beobachtungen.

28) *Zu S. 81.* Der hier ausgeführte Gedanke beruht wohl
auf irrigen Voraussetzungen. Kant setzt nämlich $\dfrac{X}{R} = \dfrac{C}{G}$,
wo X die gesuchte Entfernung, R der Erdhalbmesser, C die
Centrifugalkraft und G die Gravitation an der Oberfläche der
Erde bedeutet. Der richtige Ansatz wäre, wenn man $R = 1$
setzt: $\dfrac{G}{X^2} = C \cdot X$, denn die Schwere nimmt ab, und die
Centrifugalkraft wächst. Die gesuchte Entfernung wäre
$$X = \sqrt[3]{\frac{G}{C}} = \sqrt[3]{\frac{9810}{33.7}} = \sqrt[3]{290} = 6.7,\ \text{d. h. bei 6.7 Erd-}$$
radien Entfernung ist bereits die Gravitation gleich der Centri-
fugalkraft $= 3.37 \times 6.7 = 22$ Gal (wo 1 Gal gleich der Be-
schleunigung von einem Cel pro Secunde, 1 Cel aber gleich
der Geschwindigkeit von einem Centimeter pro Secunde bedeutet). Wollen wir die Kant'schen »Dünste« die Umlaufsgeschwindigkeit an der heutigen Erdoberfläche — und
nicht die Winkelgeschwindigkeit — beibehalten lassen, so
müsste mindestens noch $\dfrac{G}{X^2} = C$, also $X = \sqrt{\dfrac{G}{C}} = 17$ gesetzt werden. Der Kant'sche Ansatz enthält aber noch be-
denklichere Annahmen. Sein Beweis der Unmöglichkeit einer
Ringbildung, ausser beim Saturn, ist hinfällig. In der von
ihm angegebenen Entfernung von 290 Erdradien beträgt die
Gravitation nur noch 0.011 Gal. Man bemerke überdies den
völlig unklaren Ausdruck »mit einer der Axendrehung des
Planeten gleichen Geschwindigkeit«. Hier müsste doch von
gleicher Winkelgeschwindigkeit gesprochen werden. Soll
unter Axendrehung Umlaufszeit zu verstehen sein, und unter
»gleicher Geschwindigkeit« wiederum Umlaufszeit des »frey
im Zirkel laufenden Körpers«?

29) *Zu S. 82.* Diesen Anschauungen kommt die Entstehung des Sonnen- und Planeten-Systems nach Laplace am
nächsten. — Bis hierher reicht der von Kant genehmigte
Auszug des Herrn Gensichen im Anhang zu W. Herschel's

»Bau des Himmels«, Königsberg 1791. — Die Ausgabe von 1808 enthält wie erwähnt nur eine Anmerkung, die einer mündlichen Aeusserung Kant's entnommen ist und die hier folgen mag: »Die höchst wahrscheinliche Richtigkeit der Theorie der Erzeugung dieses Ringes aus dunstartigem Stoffe, der sich nach Centralgesetzen bewegte, wirft zugleich ein sehr vortheilhaftes Licht auf die Theorie von der Entstehung der grossen Weltkörper selbst, nach eben denselben Gesetzen, nur dass ihre Wurfskraft durch den von der allgemeinen Schwere verursachten Fall des zerstreuten Grundstoffes, nicht aber durch die Axendrehung des Centralkörpers, erzeugt worden; vornehmlich wenn man die durch Herrn Hofr. Lichtenberg's wichtigen Beyfall gewürdigte, spätere, als Supplement zur Theorie des Himmels hinzugekommene Meinung damit verbindet: dass nemlich jener dunstförmig im Weltraum verbreitete Urstoff, der alle Materien von unendlich verschiedener Art im elastischen Zustande in sich enthielt, indem er die Weltkörper bildete, es nur dadurch that, dass die Materien, welche von chemischer Affinität waren, wenn sie in ihrem Falle nach Gravitations-Gesetzen auf einander trafen, wechselseitig ihre Elasticität vernichteten, dadurch aber dichte Massen und in diesen diejenige Hitze hervorbrachten, welche in den grössten Weltkörpern (den Sonnen) äusserlich mit der leuchtenden Eigenschaft, an den kleineren (den Planeten) aber mit innerlicher Wärme verbunden ist«.

30) *Zu S. 85.* Nach den neuesten Anschauungen reicht der Staub des Zodiakallichtes bis über die Erdbahn hinaus und liegt in einer Neigung von 6° gegen die Ekliptik. Die bezügliche Litteratur ist sehr umfangreich.

31) *Zu S. 105.* Die Schilderung der Sonnenoberfläche erinnert lebhaft an die moderne, von Gustav Kirchhoff gegebene Theorie.

32) *Zu S. 106.* Die Erwähnung des Salpeters ist in der That für jene Zeit, 1755, überraschend, dürfte indess auf die Kenntniss der Fabrication des Schiesspulvers zurückzuführen sein.

33) *Zu S. 124* Die Entfernungen von der Sonne sind:

	Erd-fernen	Mill. Kilom.		Erd-fernen	Mill. Kilom.
Mercur	0.387	58	Jupiter	5.208	773
Venus	0.723	108	Saturn	9.539	1418
Erde	1.000	149	Uranus	19.183	2851
Mars	1.524	226	Neptun	30.054	4467

Die 428 Asteroïden schwanken mit ihren grossen halben Axen zwischen 2.133 Medusa (149) und 3.485 Camilla (107) der mittleren Erdferne.

34) *Zu S. 125.* Vergleiche Anm. 14.

35) *Zu S. 137.* Dieser Muthmassung Kant's wird man heutzutage kaum Beifall zollen. Hat uns die Spektralanalyse auf einen Chemismus ähnlich oder gleich dem unserigen geführt, so wird auch die Vorstellung von ätherischer gearteten Wesen erschwert, insonderheit weil doch wohl überall das Wasser ein Hauptbestandtheil der Lebewesen sein dürfte. Ob »Intelligenzen« unter anderen Bedingungen denkbar sind, entzieht sich einer wissenschaftlichen Beurtheilung.